MAKEUP DESIGN

남은선 · 김채희

경춘사

MAKEUP DESIGN

지은이 남은선 · 김채희
발행인 안민웅
발행처 도서출판 경춘사
등록번호 제10-153(1987. 11. 28)

인쇄 2024년 2월 25일
발행 2024년 3월 5일

서울시 마포구 마포대로 14길 31-9
경춘빌딩 101호

전화 (02)716-2502, 714-5246
팩스 (02)704-0688
www.kcpub.co.kr

값 **17,000**원

ISBN 978-89-5895-204-6 93590

PREFACE

메이크업은 이론으로 표현되는 것이 아니다. 손 작업과정을 통하여 표현되고 연출되는 것이다. 따라서 메이크업 디자인을 연출하기 위해서는 기초지식의 일상적인 훈련과 반복된 실기 연습을 통하여 숙달되어야 전문성과 기능성을 갖출 수 있다. 여기에 영감이 가해지고 목적하는 메이크업 디자인의 아이디어가 탄생하는 것이다.

훌륭한 메이크업 아티스트로 성장하기 위해서는 첫째, 기초지식을 넓히고 이를 바탕으로 보는 눈을 길러서 마음을 풍부하게 하고 색과 형, 이미지를 소화시키는 공부가 필요하다. 이것은 이론만으로는 발전이 없고 직접 실습을 해 보는 일에 의해서 연마된다. 예를 들어, 모나리자의 얼굴이 아름답다고 느낀 경우 이 아름다움이 어디에서 오는지를 분석해 보자. 매끄러운 피부, 넓은 이마, 깊숙한 눈두덩, 미소 띤 입술, 풍부한 얼굴 윤곽 등 이것을 실제의 메이크업에 응용해서 브러시로 윤곽을 확실하게 그려보도록 한다.

둘째, 실습의 반복을 통하여 메이크업 기술을 익힌다. 아름다움에 대한 가치관은 그 시대의 정치, 경제, 사회, 문화적 배경에 따라 다르고 또한 변화한다. 그러므로 메이크업 디자인은 표준미에 맞춰 보는 데서 시작하여 점차적으로 다른 부분을 변화시키거나, 포인트를 부각시키는 방법으로 이미지를 변화시켜보는 것이 좋다.

본 서는 메이크업 실무를 제대로 익힐 수 있도록 MAKEUP 美學의 교과과정에 맞추어 메이크업의 기초지식인 COLOR WHEEL, GRADATION을 다루었고, 메이크업 연습 과정으로서 블렌닝 방법에 따른 아이섀도, 포인트에 따른 아이섀도 등 눈 화장의 기본적인 방법을 제시하였을 뿐 아니라, 두세 가지 색상이나 다양한 눈 형태에 따른 아이 메이크업을 연습할 수 있도록 하였다.

또한 아이라이너, 아이브로우, 립, 블리셔의 여러 가지 기법을 제시하여 얼굴 형태, 이미지, 메이크업 테마에 따라 다양한 메이크업을 연출하고 수성 메이크업을 할 수 있도록 하였고, FACE CHART와 MAKEUP WORKSHEET를 이용하여 모델의 얼굴에 메이크업을 하기 전 충분한 패턴연습과 아이디어 스케치를 통해 성공적인 메이크업을 실현할 수 있도록 하였다.

본 교재가 메이크업에 입문하는 여러분께 실용적인 지침서가 되어 실무에 강한 메이크업 아티스트로 성장하는데 일조할 것으로 기대한다.

2024. 2 저자 일동

차례

MAKEUP DESIGN

COLOR WHEEL

● 피부톤과 메이크업 컬러의 조화

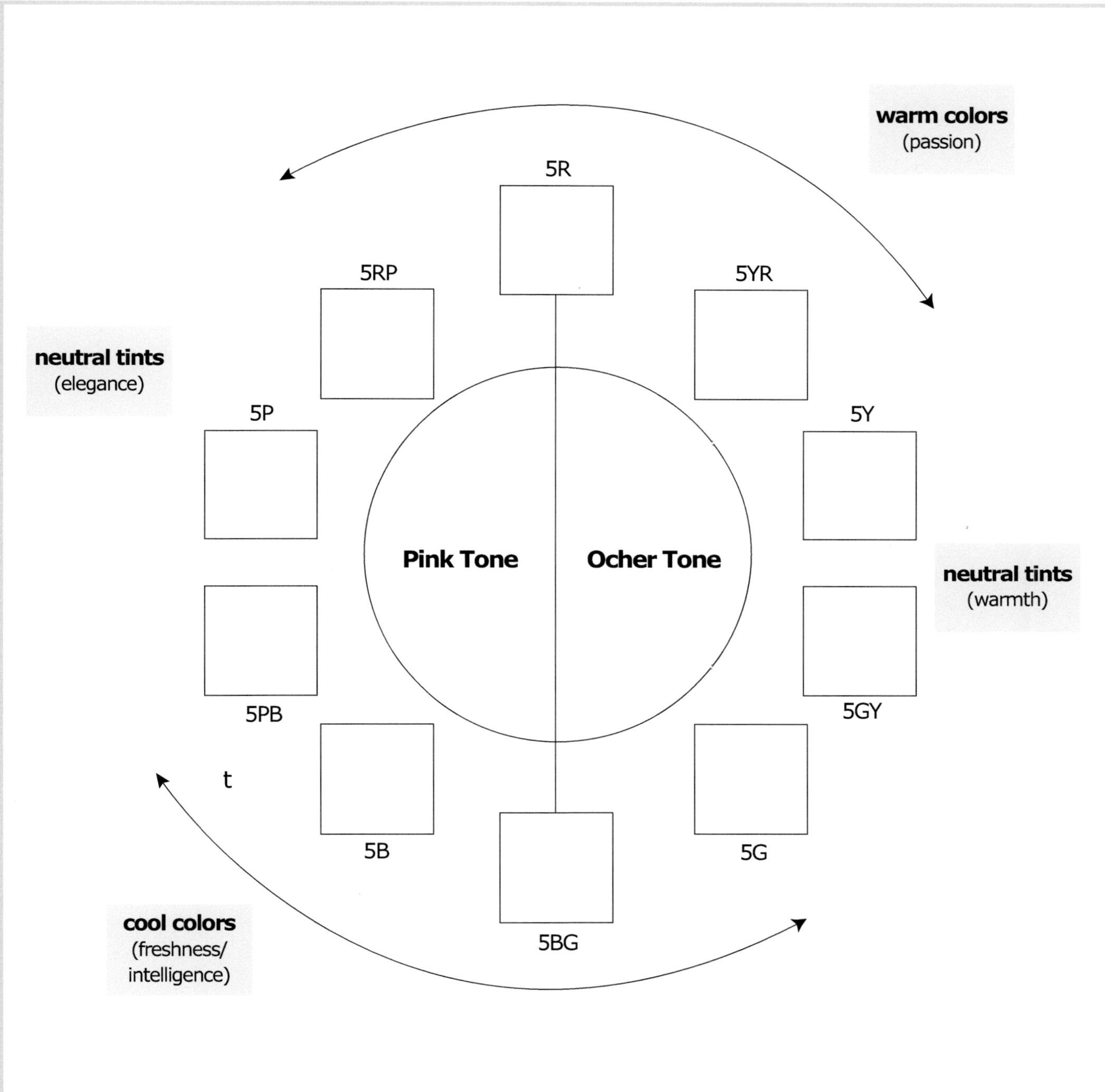

• 먼셀의 색상환을 참조하여 색지를 오려 붙이는 방법으로 완성한다.

GRADATION

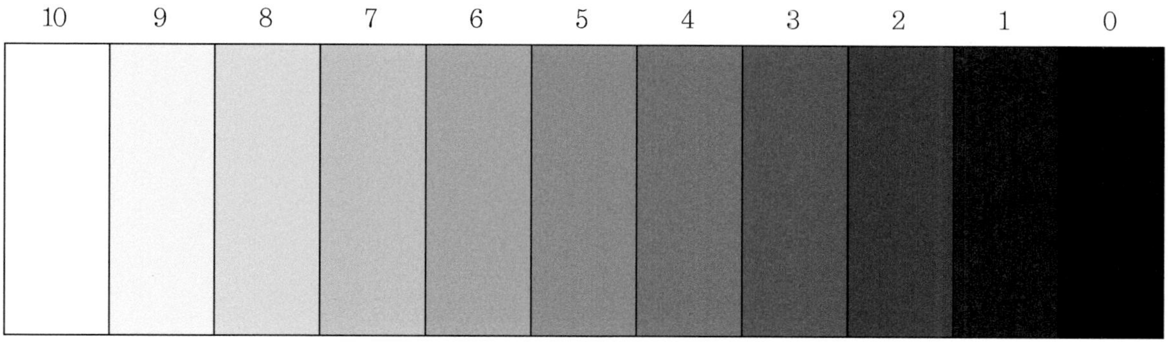

GRAY SCALE

10	9	8	7	6	5	4	3	2	1	0

FOUNDATION

• 파운데이션이나 색지를 이용하여 그러데이션을 연습한다.

10	9	8	7	6	5	4	3	2	1	0

COLOR

• 유채색 한 컬러를 정하고 색지를 이용하여 그러데이션을 연습한다.

EYEBROW

• **표준형**

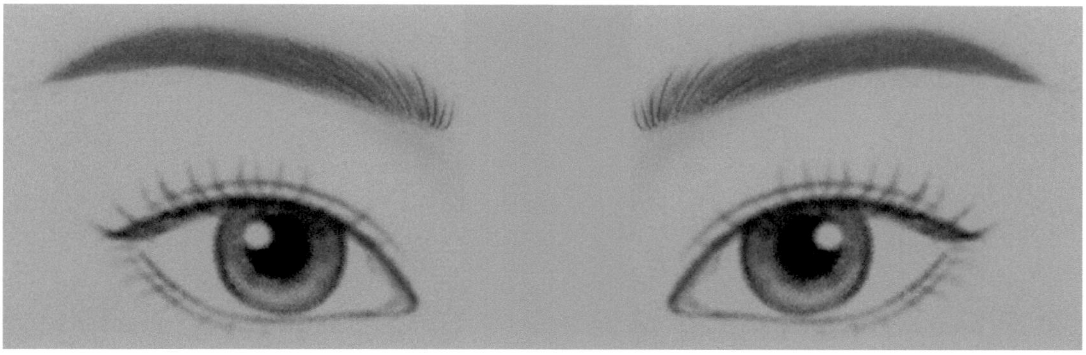

• 표준형

• **표준형**

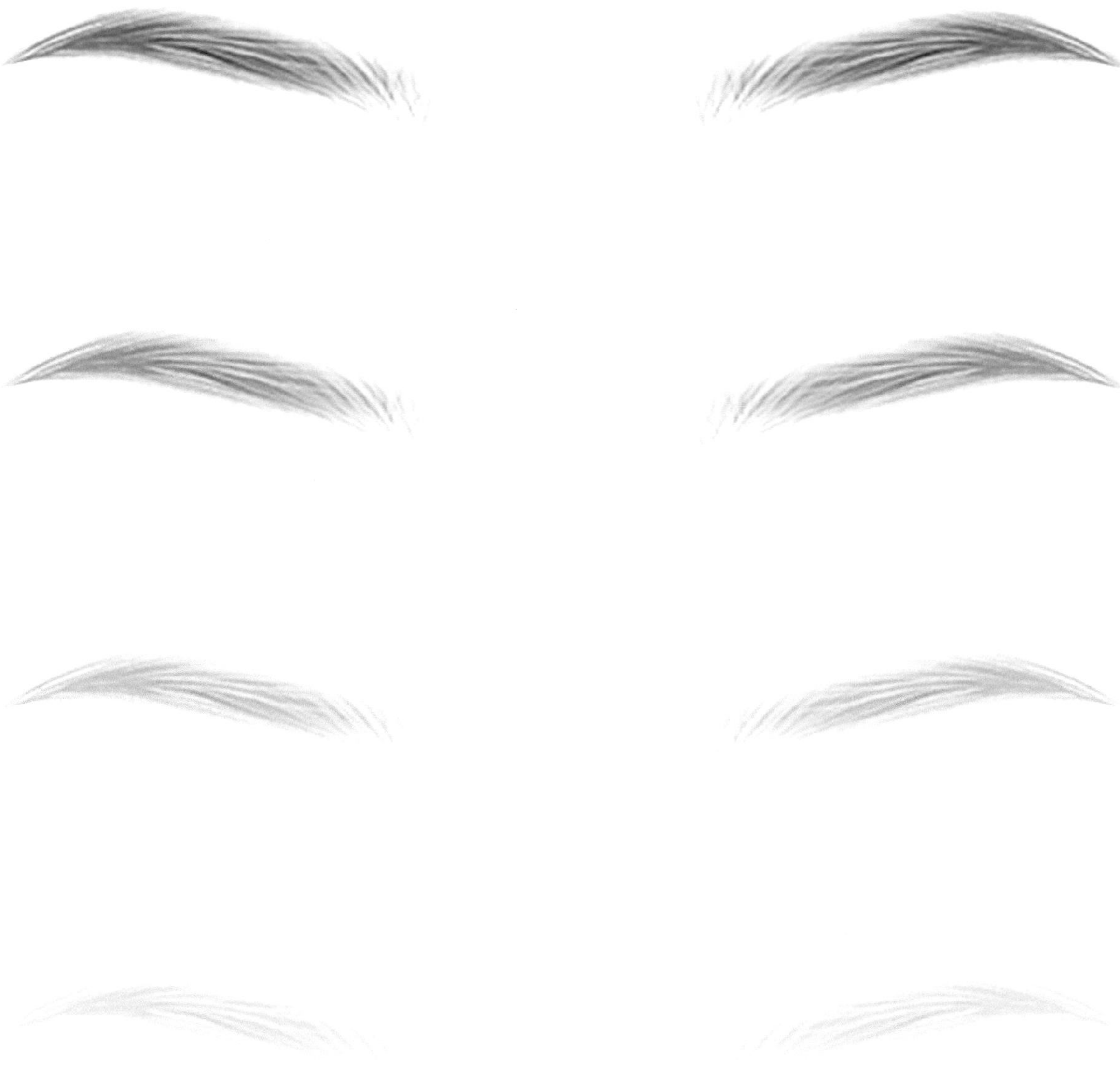

• **표준형**

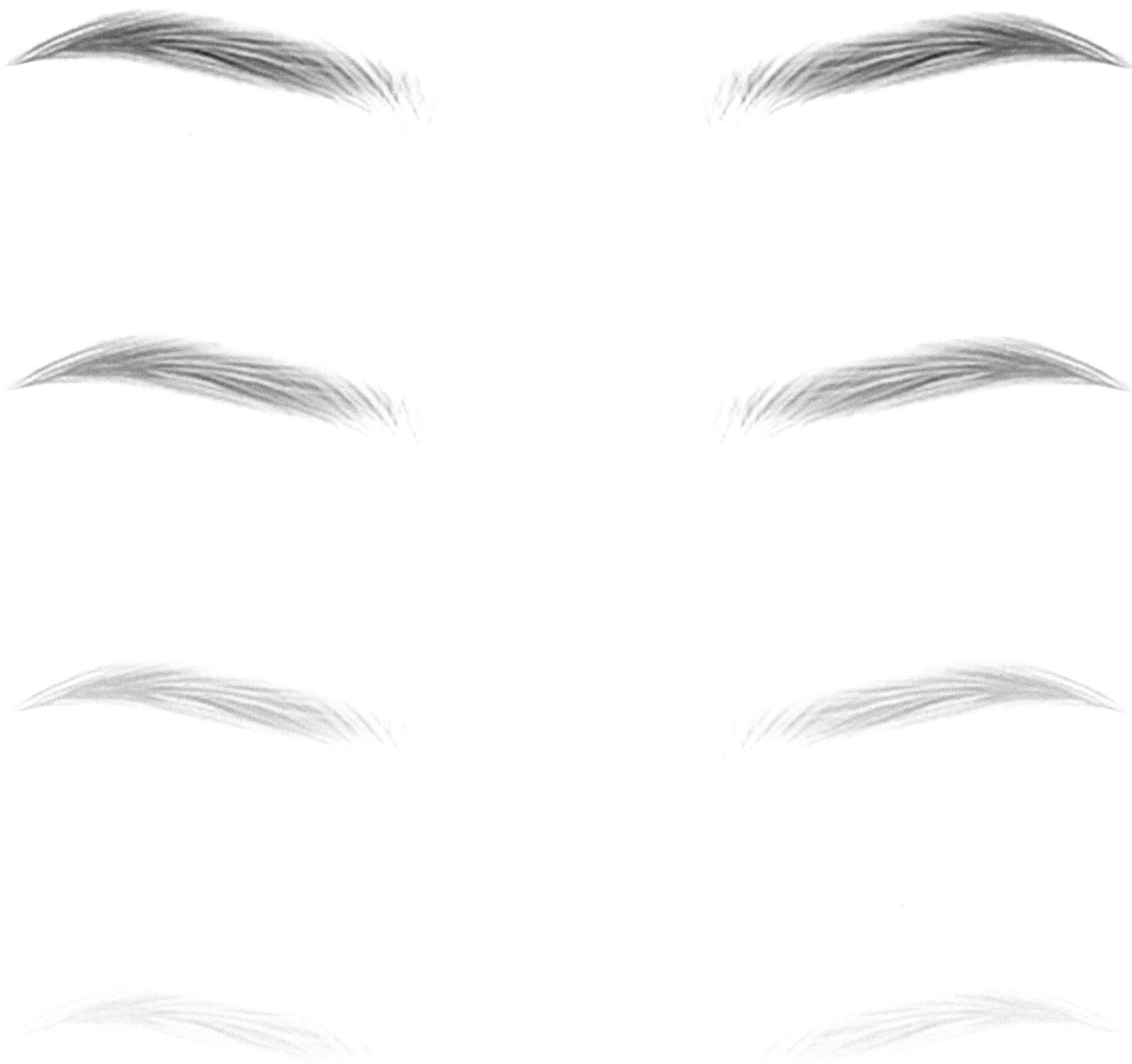

• **직선형**

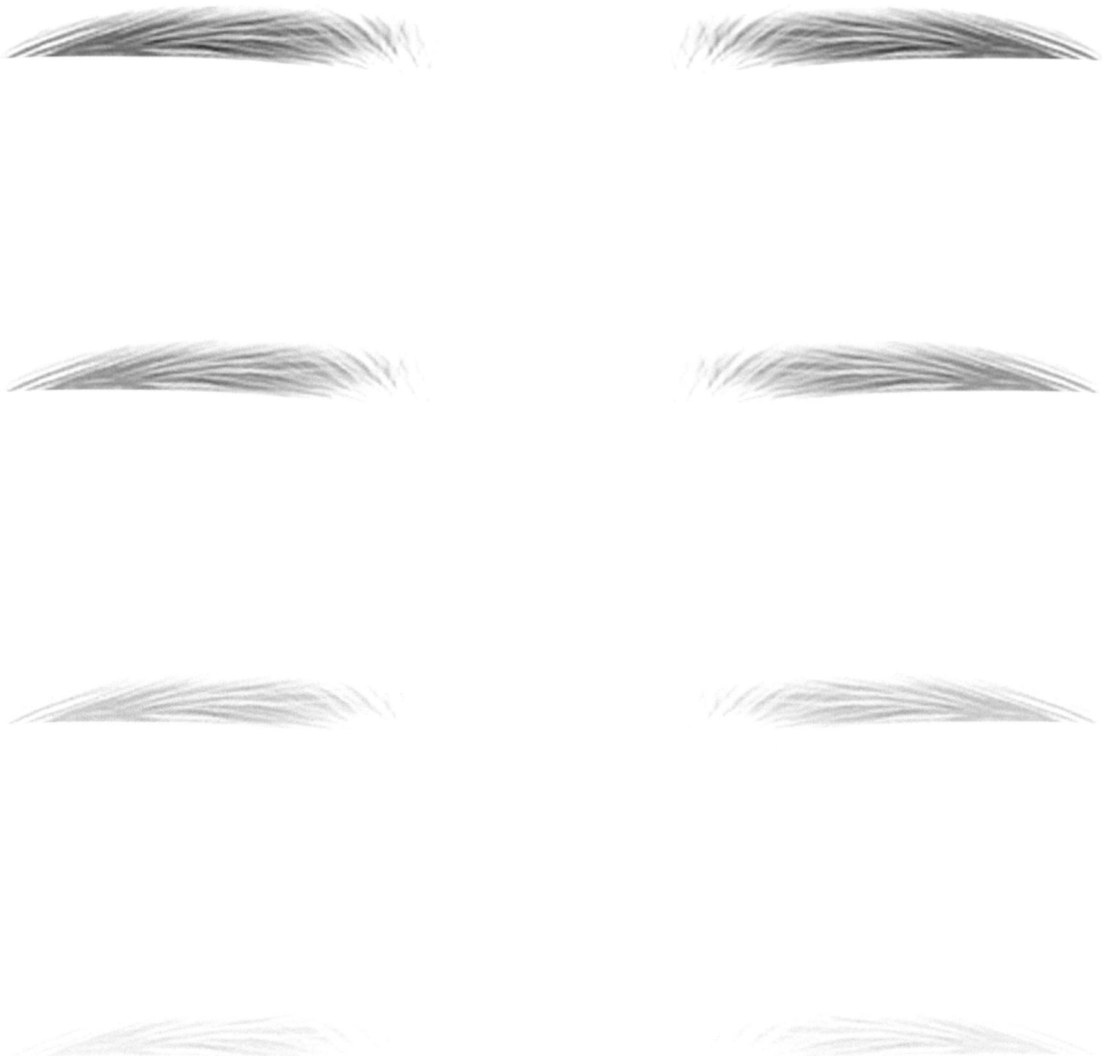

• **직선형**

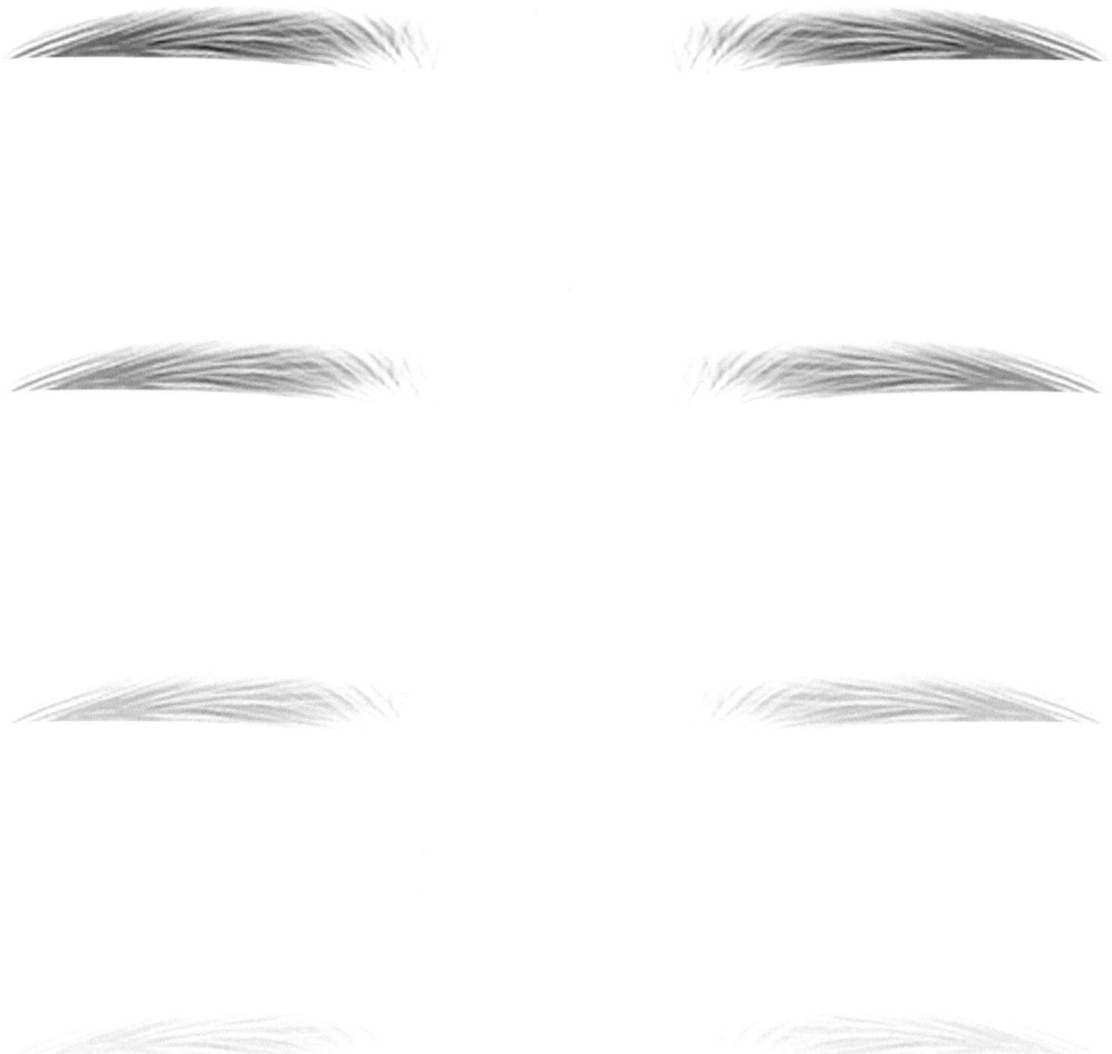

• 각진형

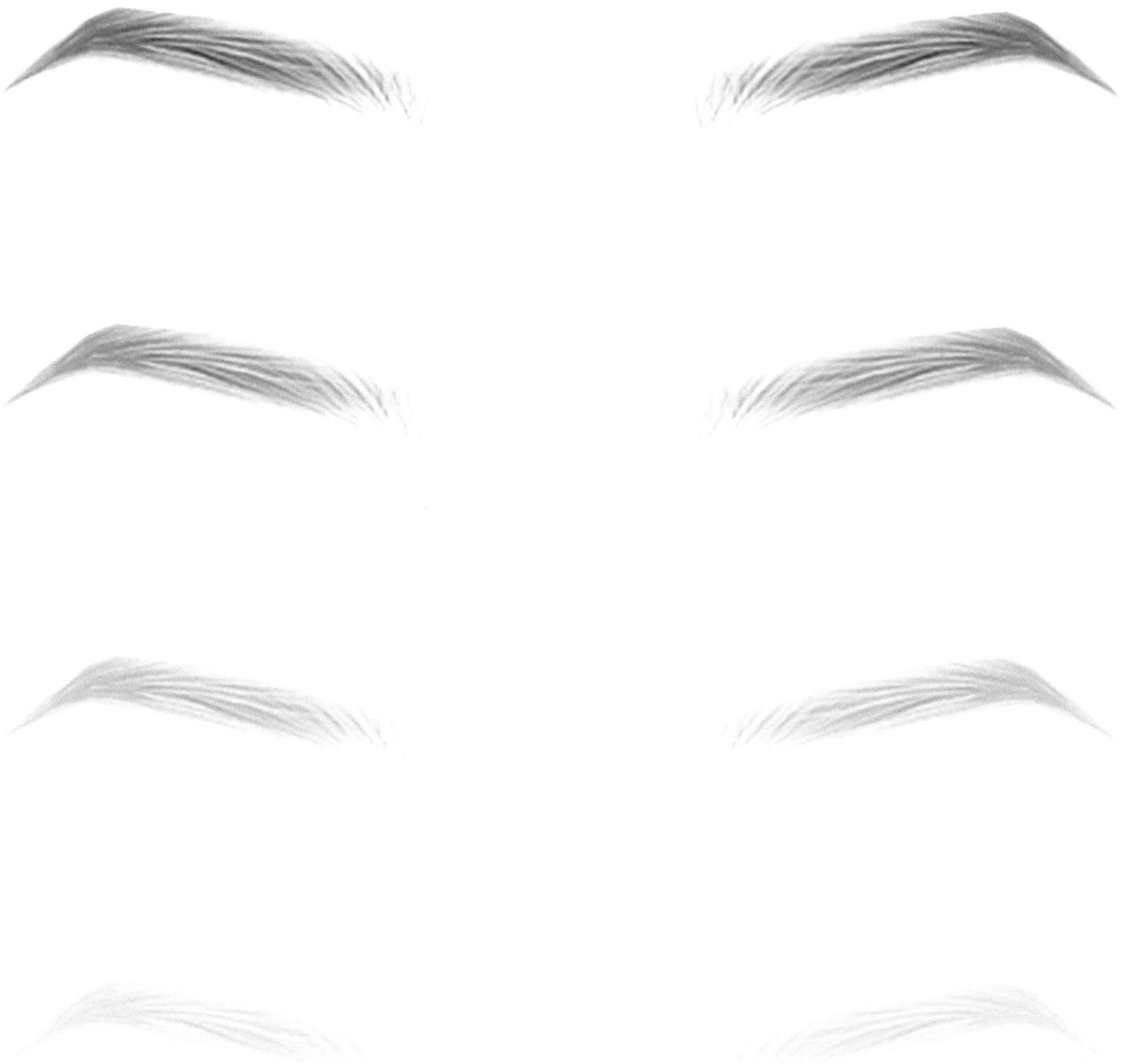

• 각진형

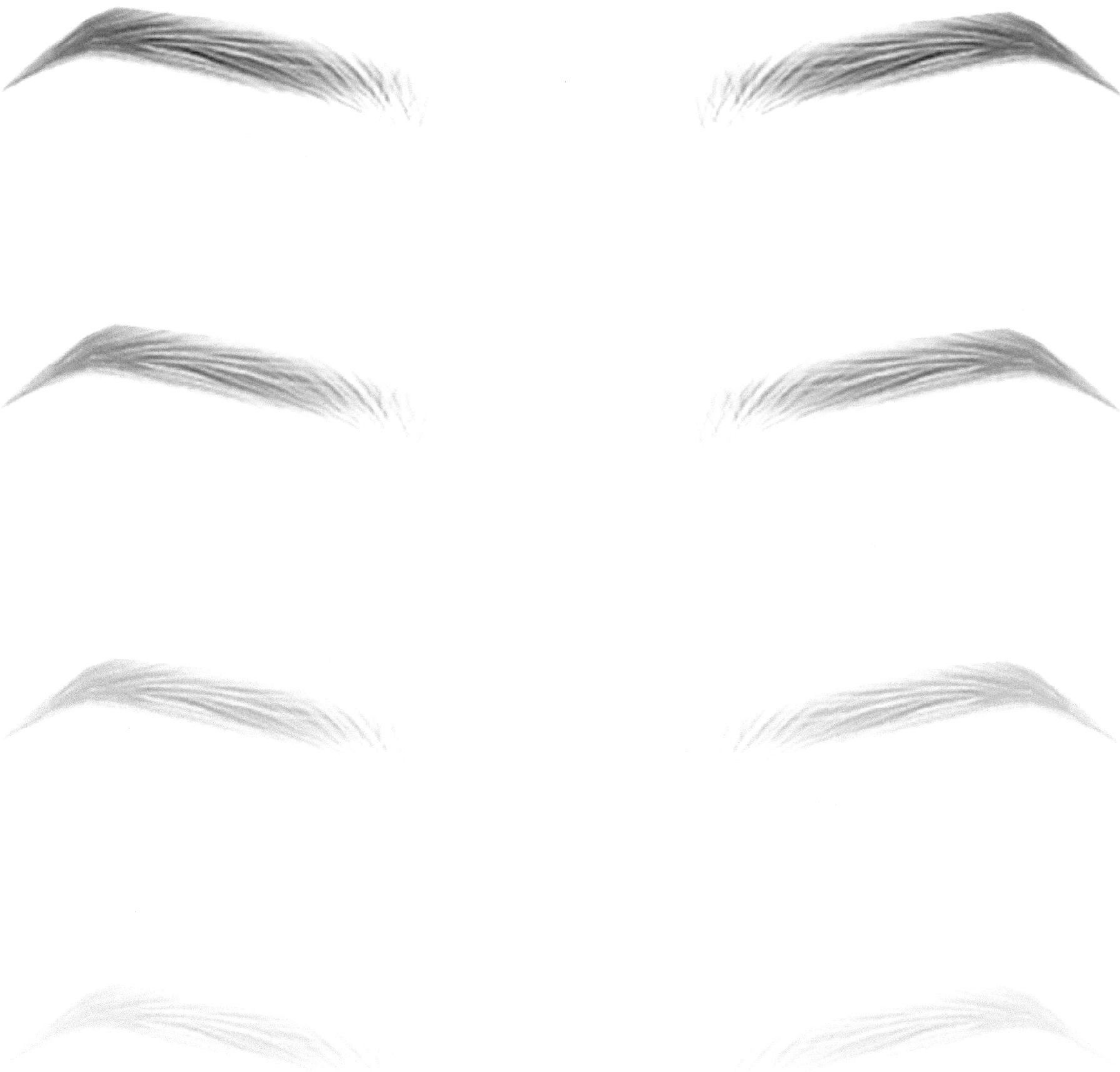

• 아치형

• 아치형

• **상승형**

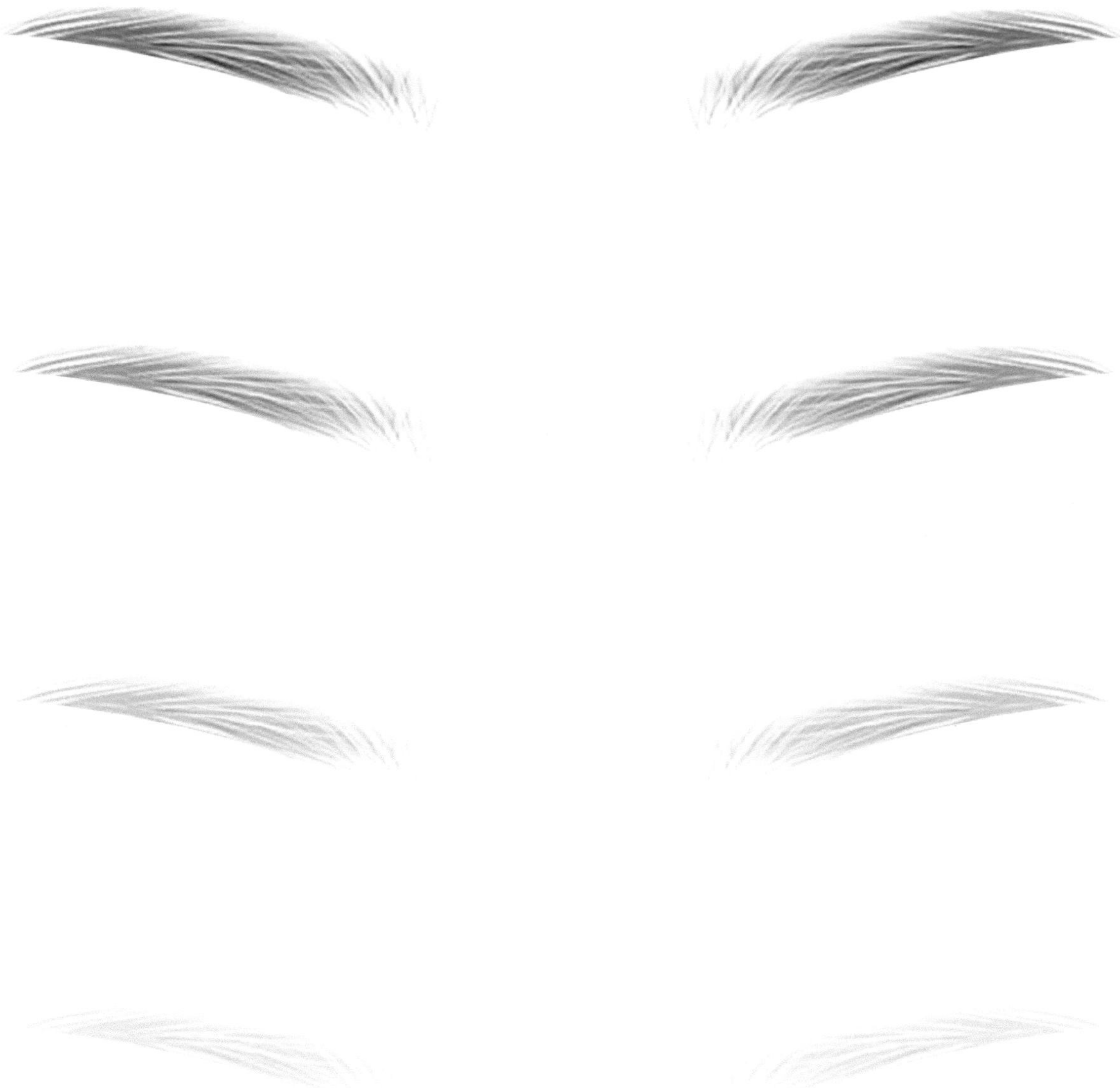

• 상승형

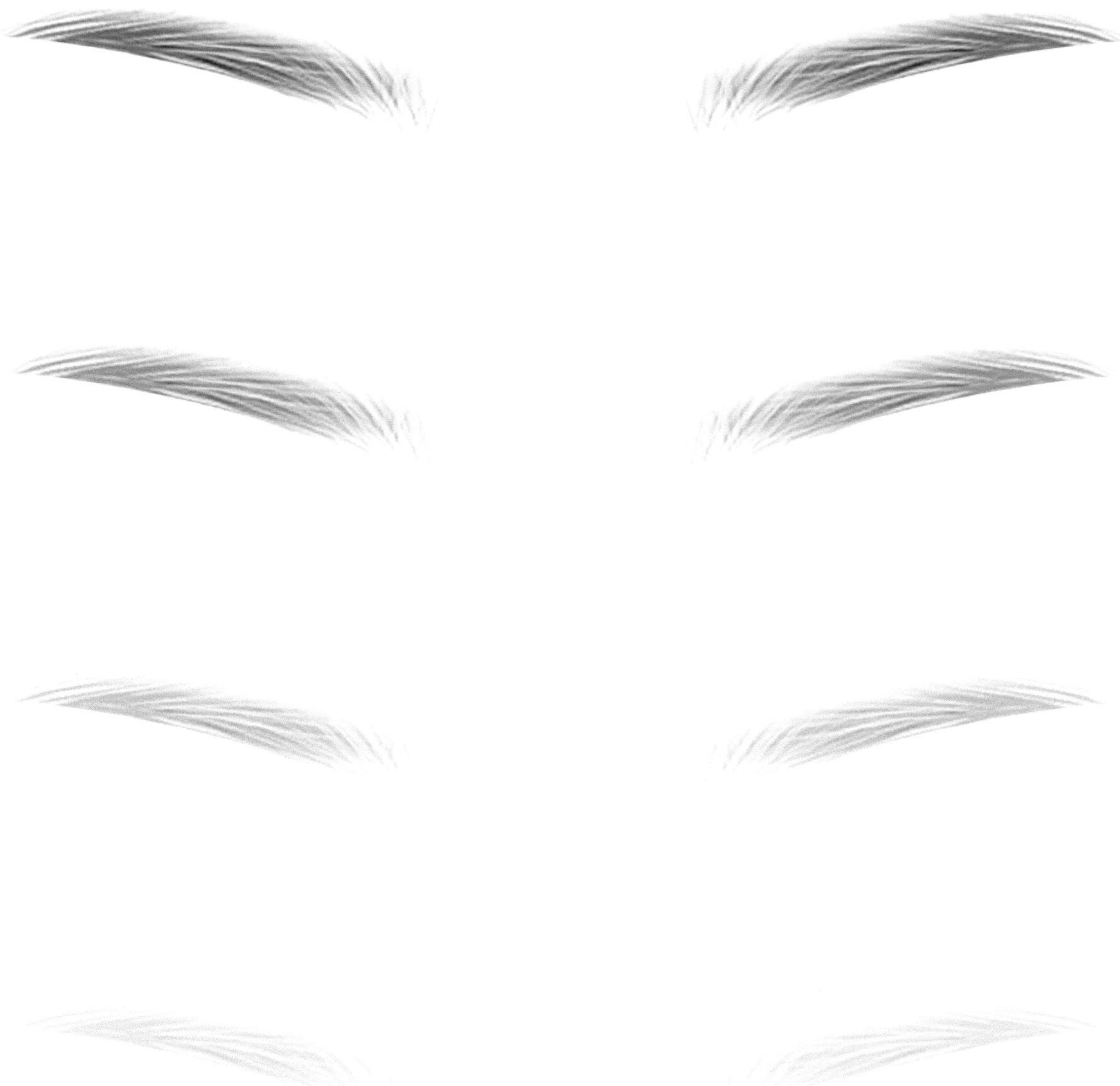

• **커브형**

- 커브형

EYE SHADOW

• 아이섀도 연습 1

• 아이섀도 연습 2

- **아이새도 연습 3**

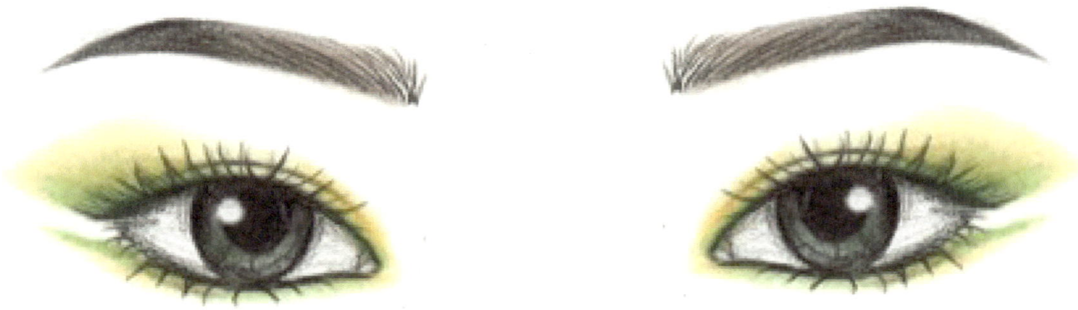

• 아이섀도 연습 4

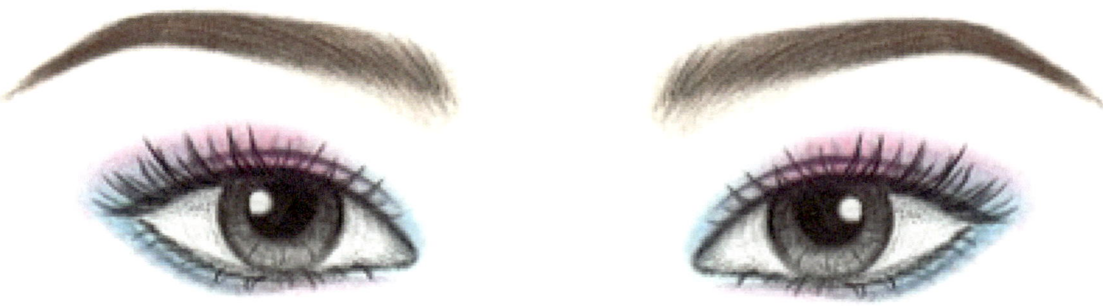

• 아이섀도 연습 5

- **아이섀도 연습 6**

• 아이섀도 연습 7

EYE LINER

• 아이라인 연습 1

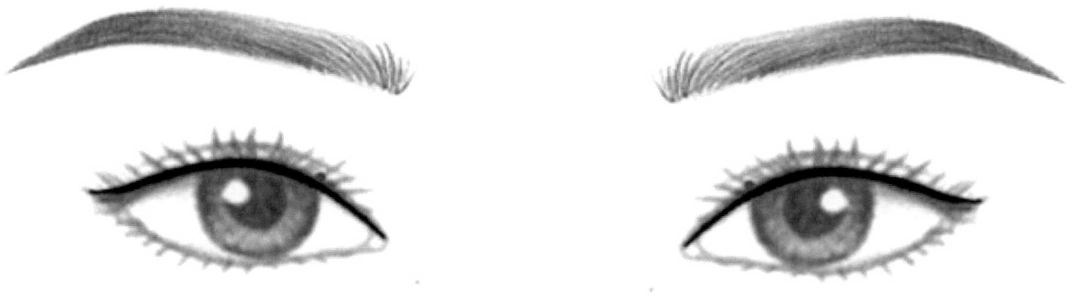

• 아이라인 연습 1

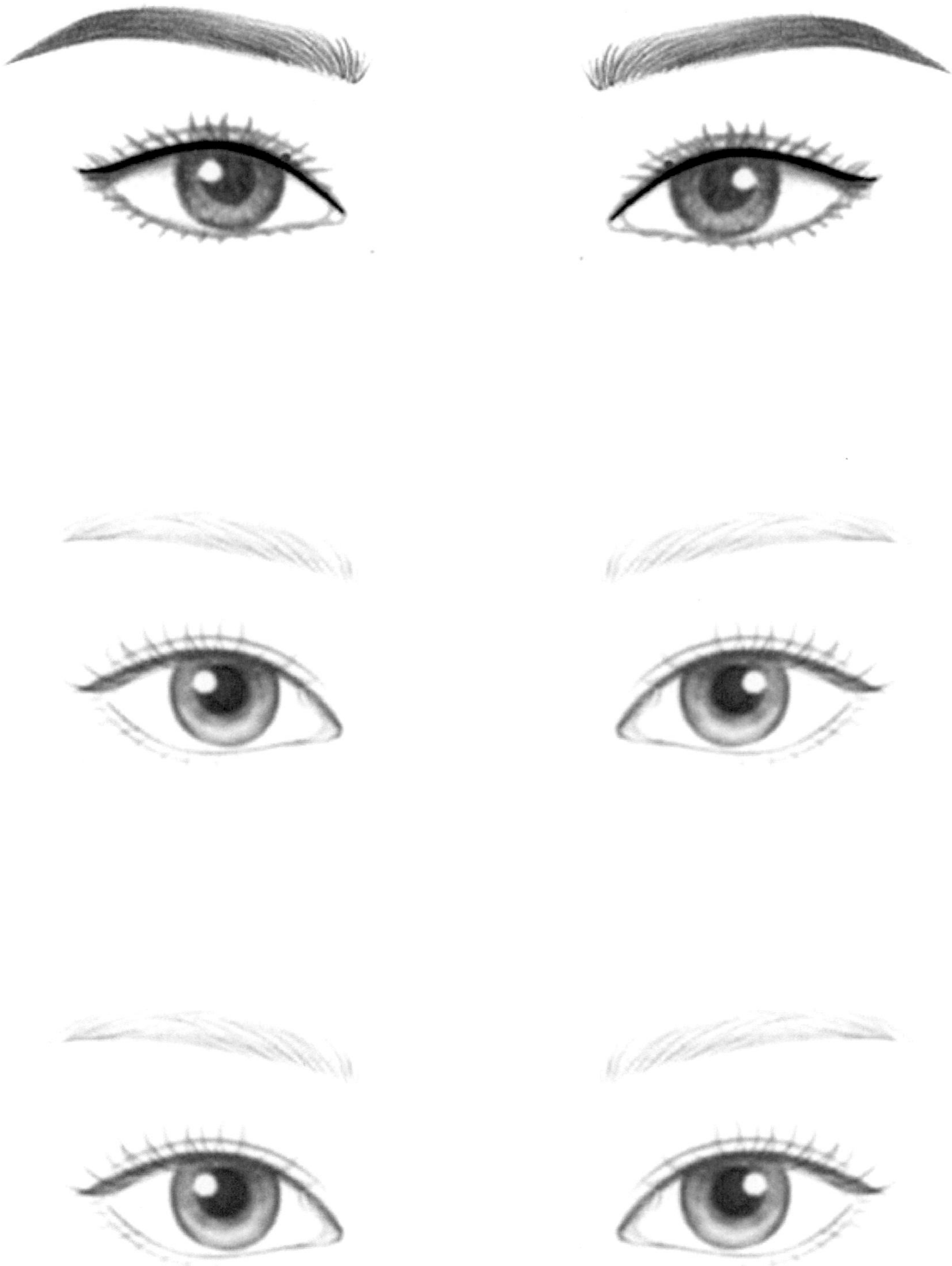

• **아이라인 연습 2**

• 아이라인 연습 2

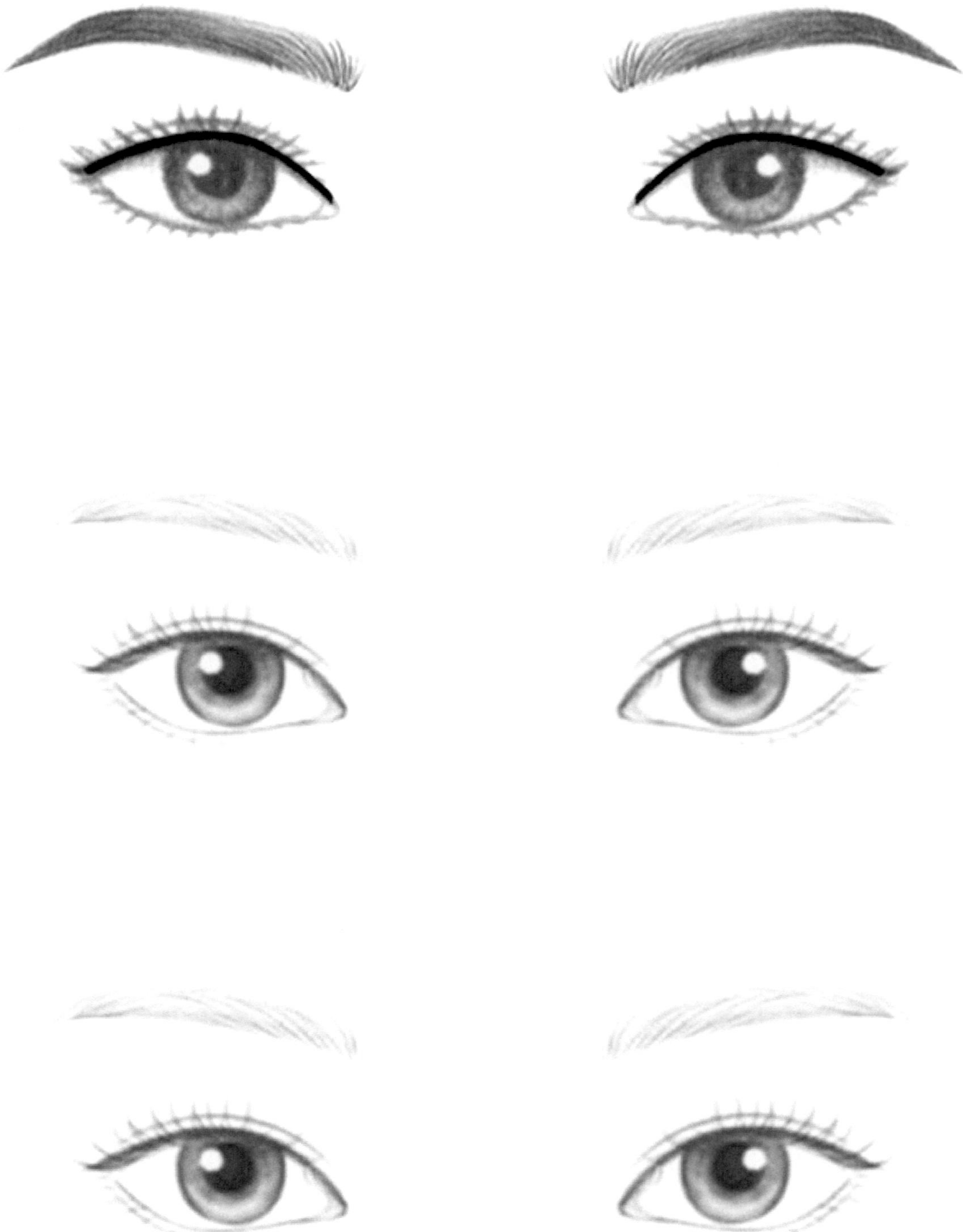

• 아이라인 연습 3

• 아이라인 연습 3

• 아이라인 연습 4

• 아이라인 연습 4

• **아이라인 연습 5**

• 아이라인 연습 5

• 아이라인 연습 6

• 아이라인 연습 6

• **아이라인 연습 7**

• 아이라인 연습 7

LIP

• **기본형**

• 기본형

• 기본형

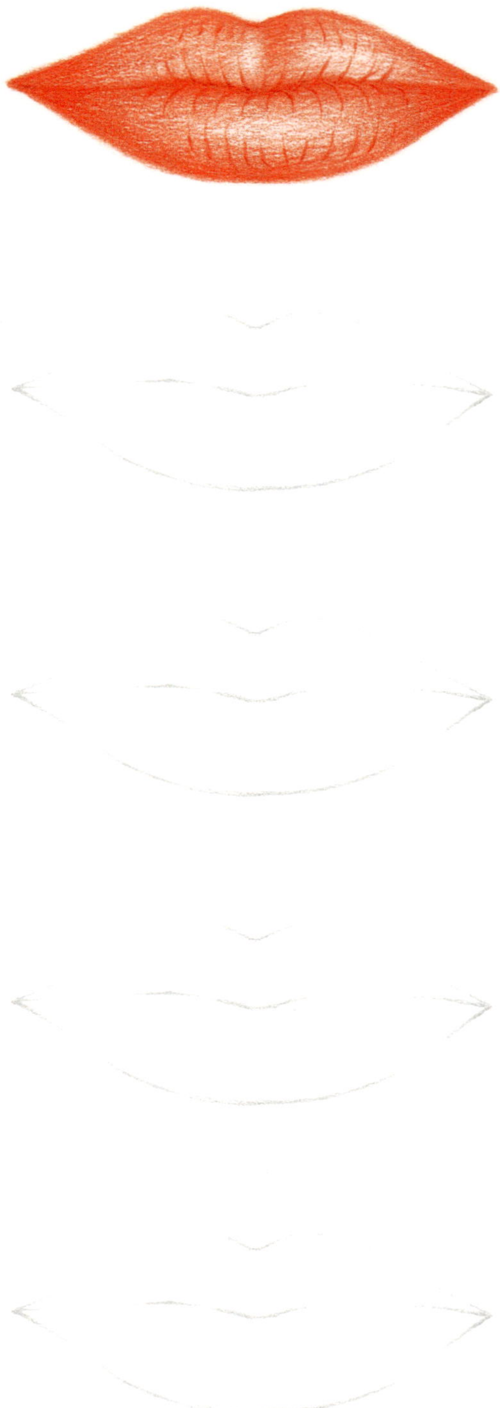

• **라운드**

• 라운드

• 라운드

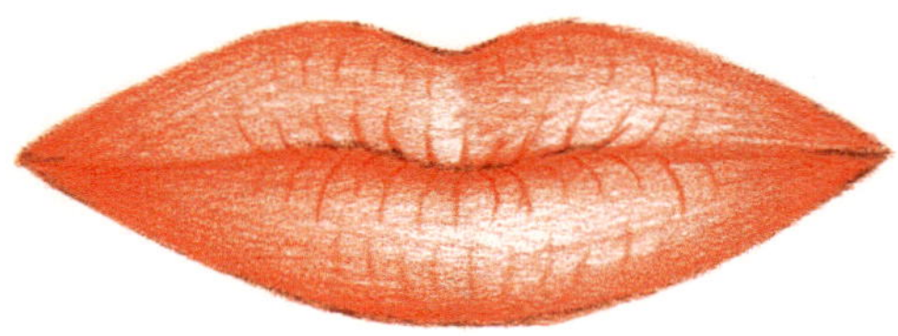

- **스트레이트**

• 스트레이트

- 스트레이트

• **인커브**

• 인커브

• 인커브

• 아웃커브

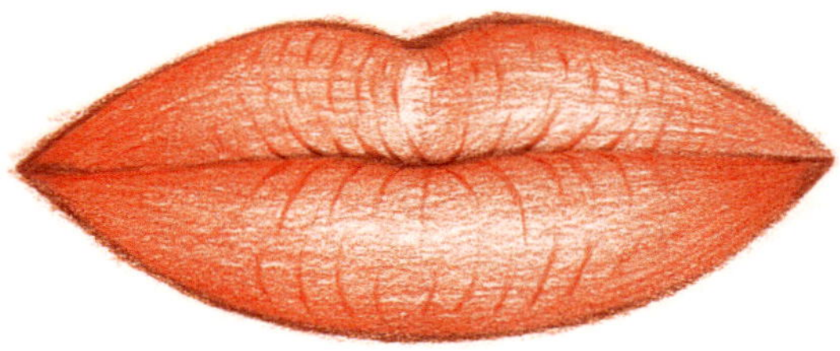

• 아웃커브

• 아웃커브

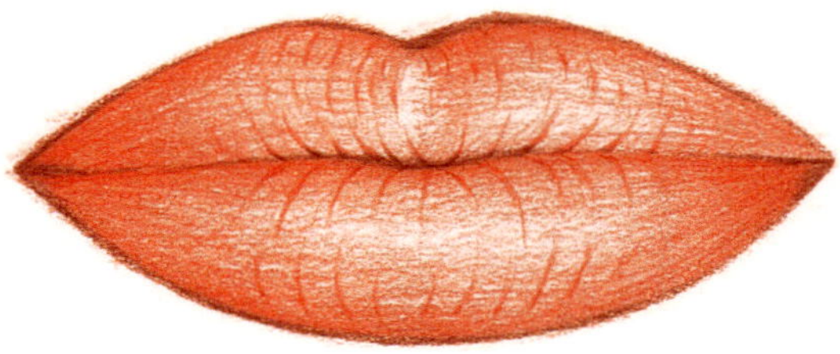

BLUSHER

• 긴형

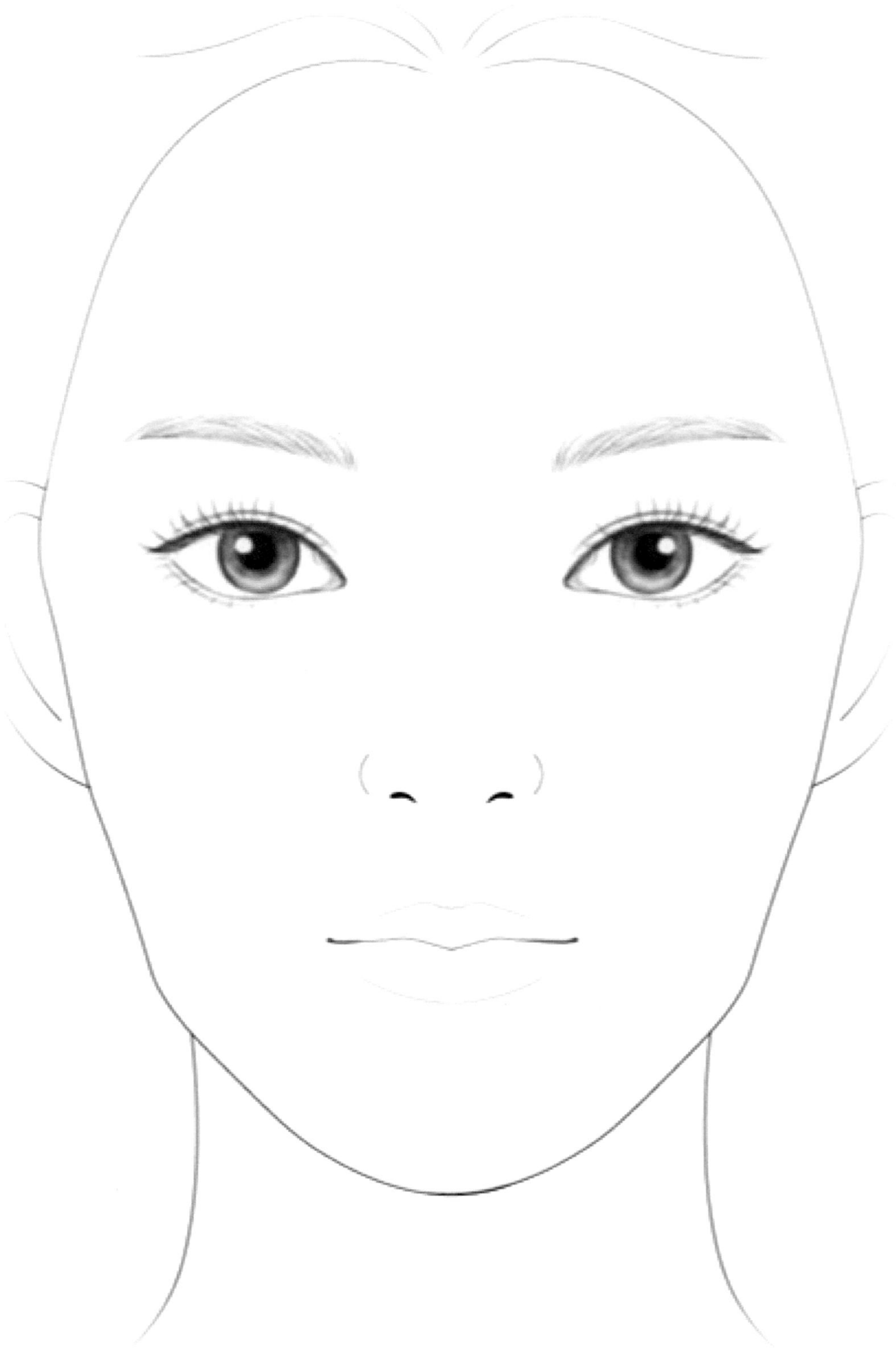

• 긴형

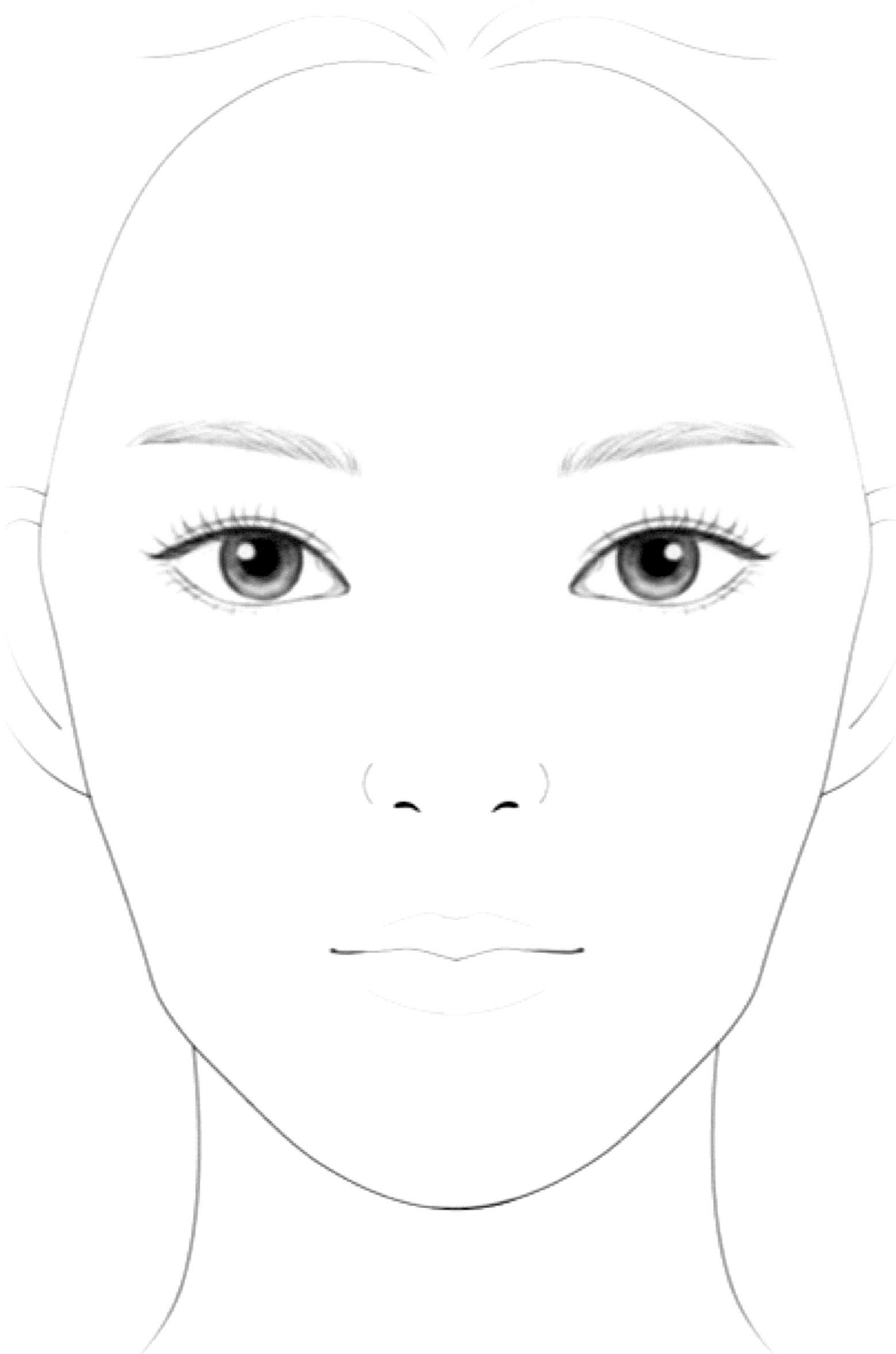

• **둥근형**

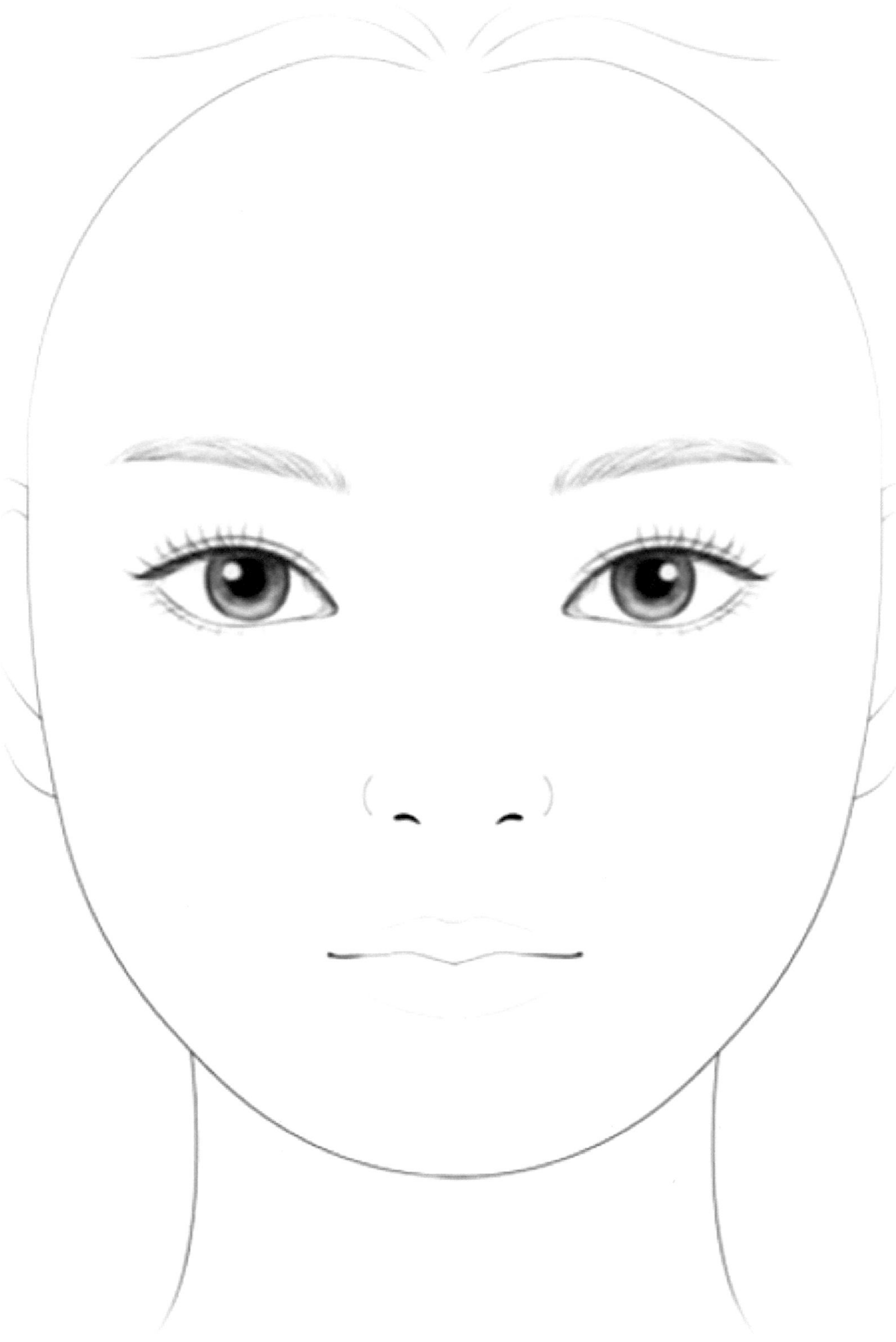

• 둥근형

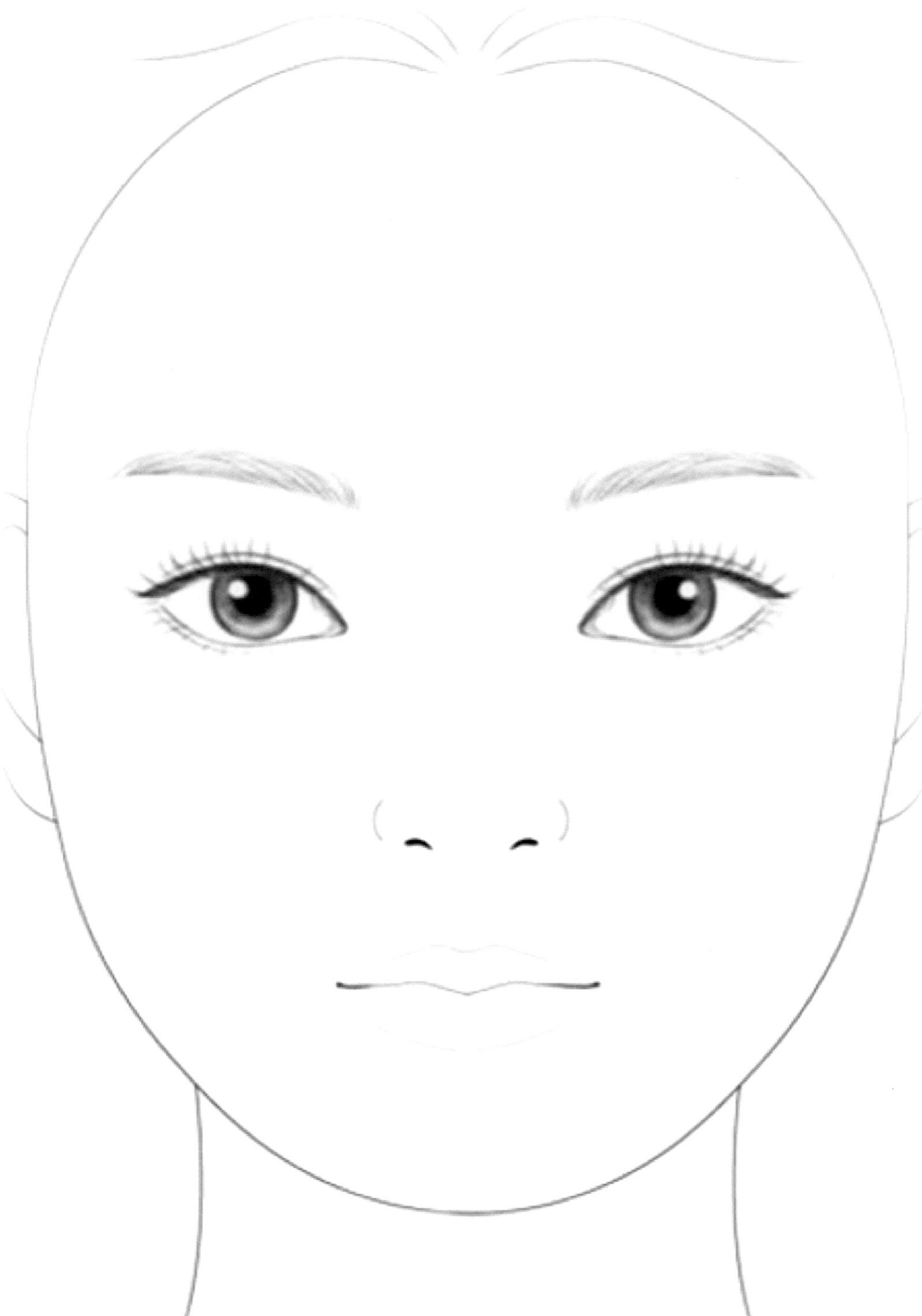

• 사각형

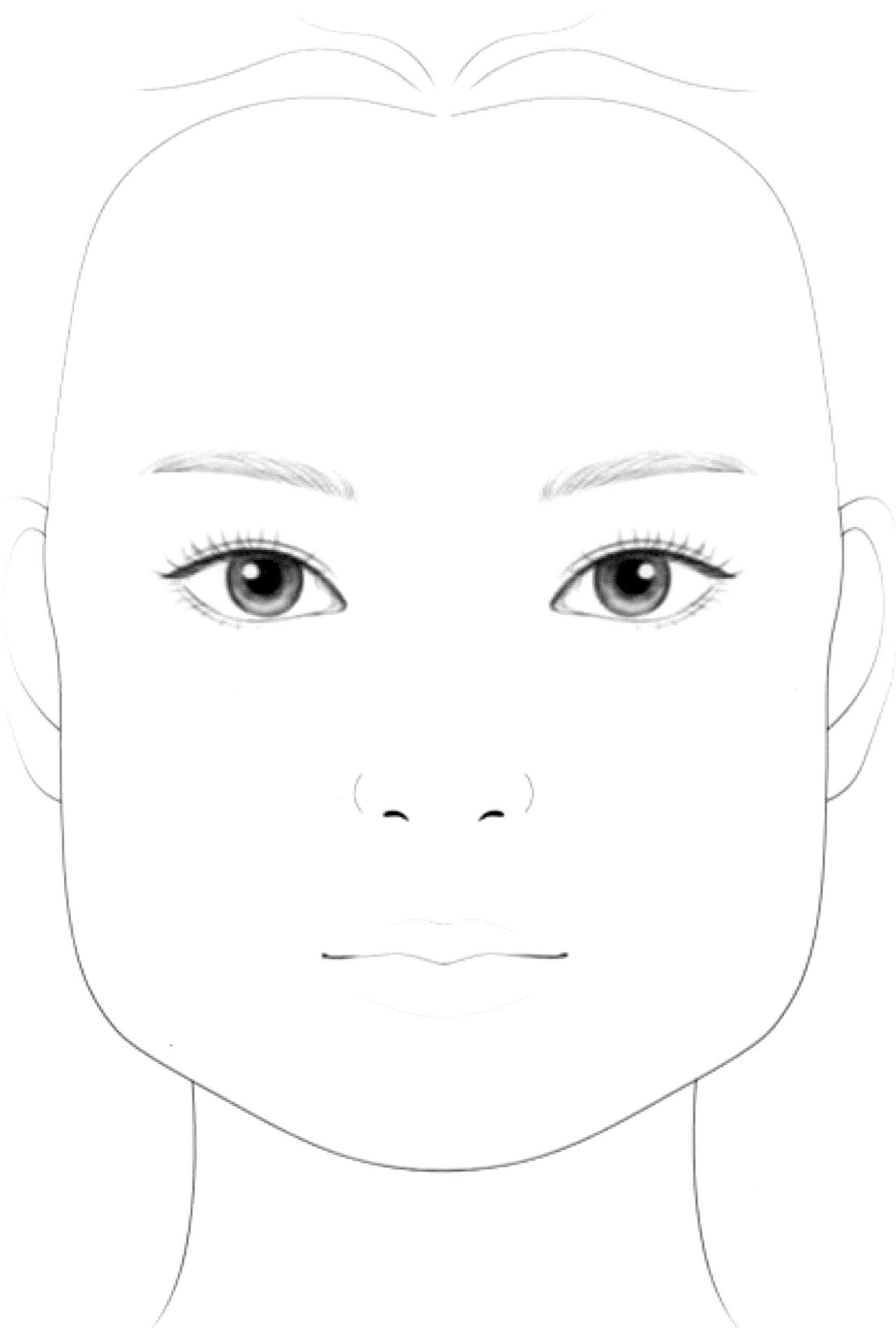

• 사각형

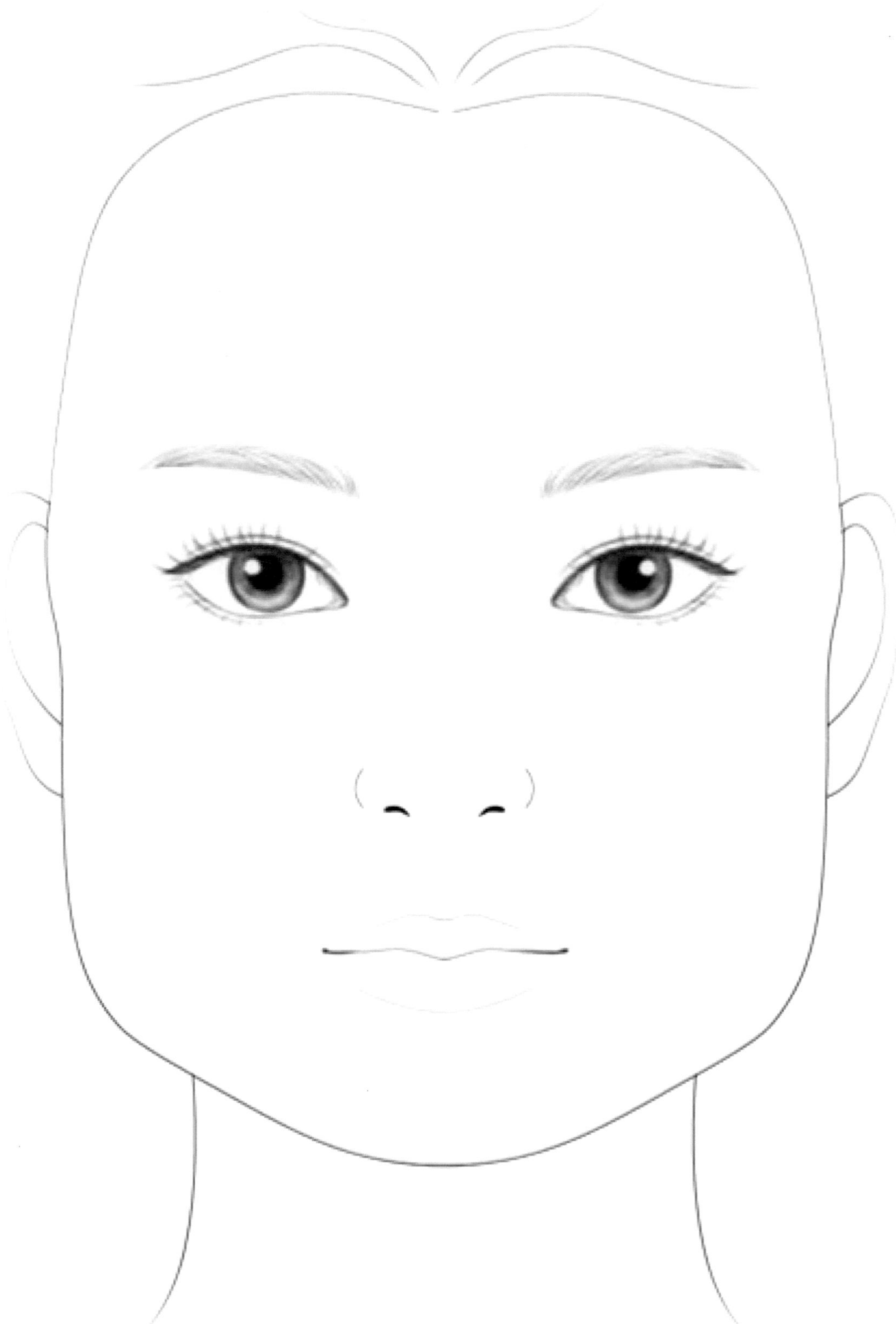

• 삼각형

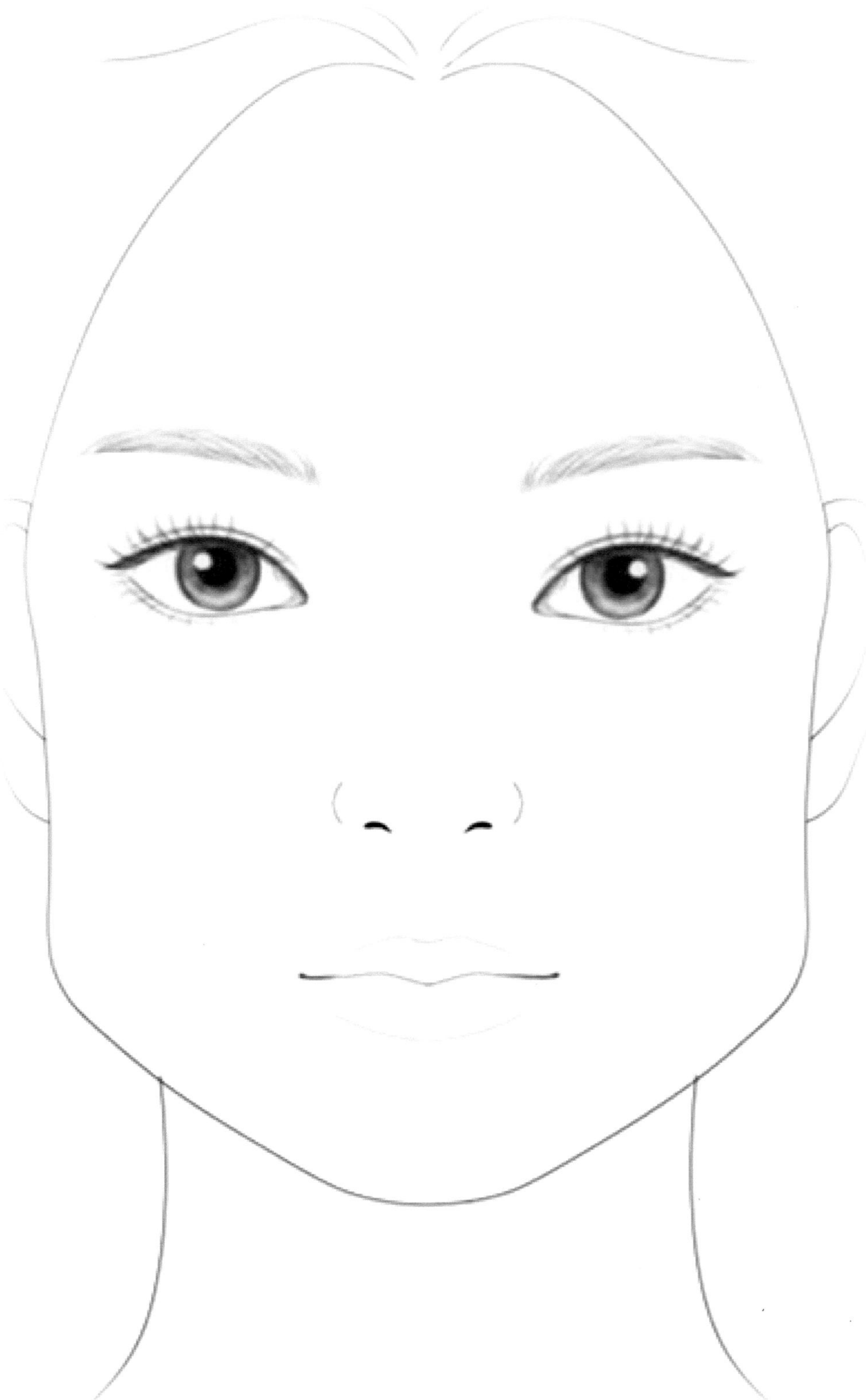

• 삼각형

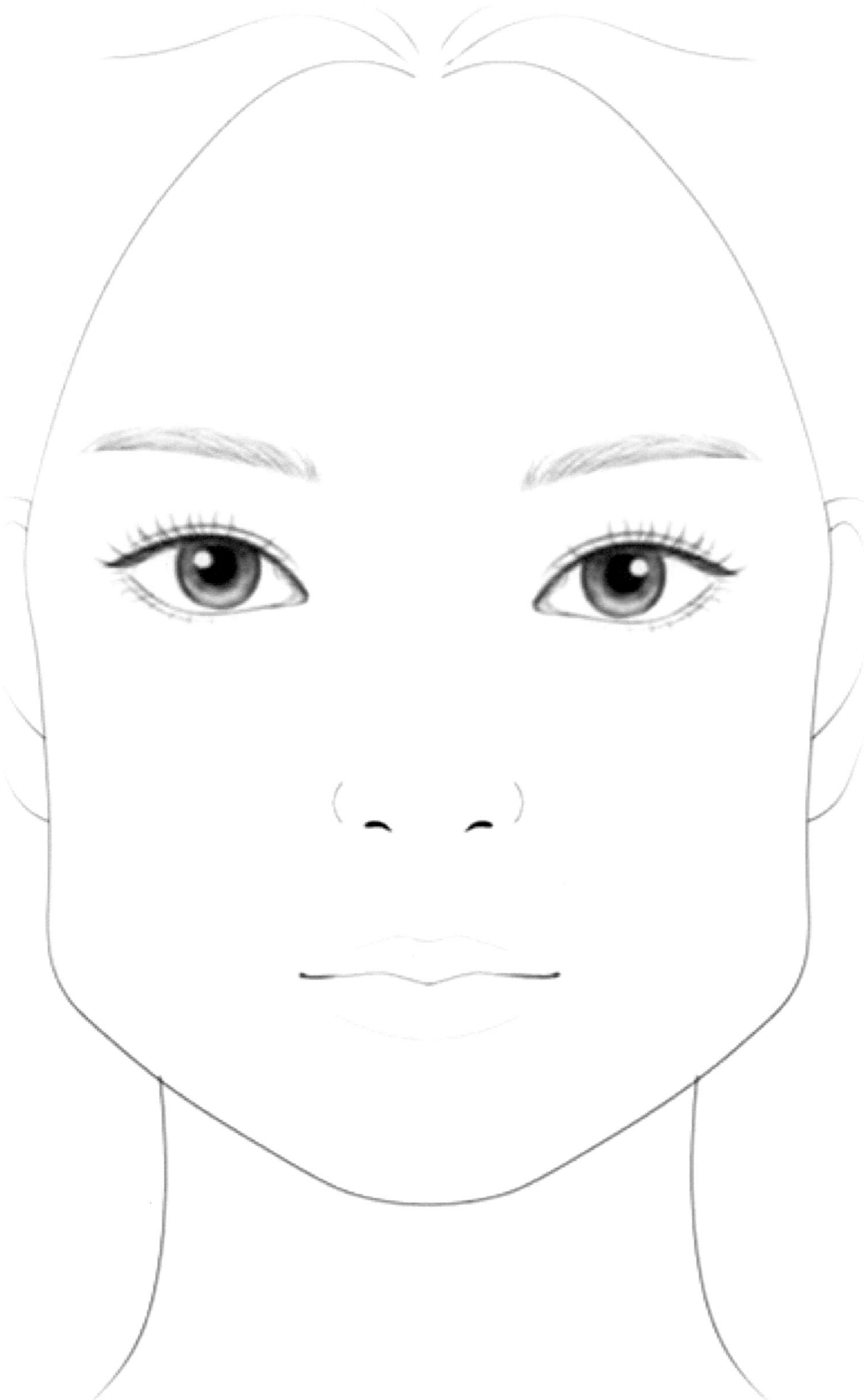

• **역삼각형**

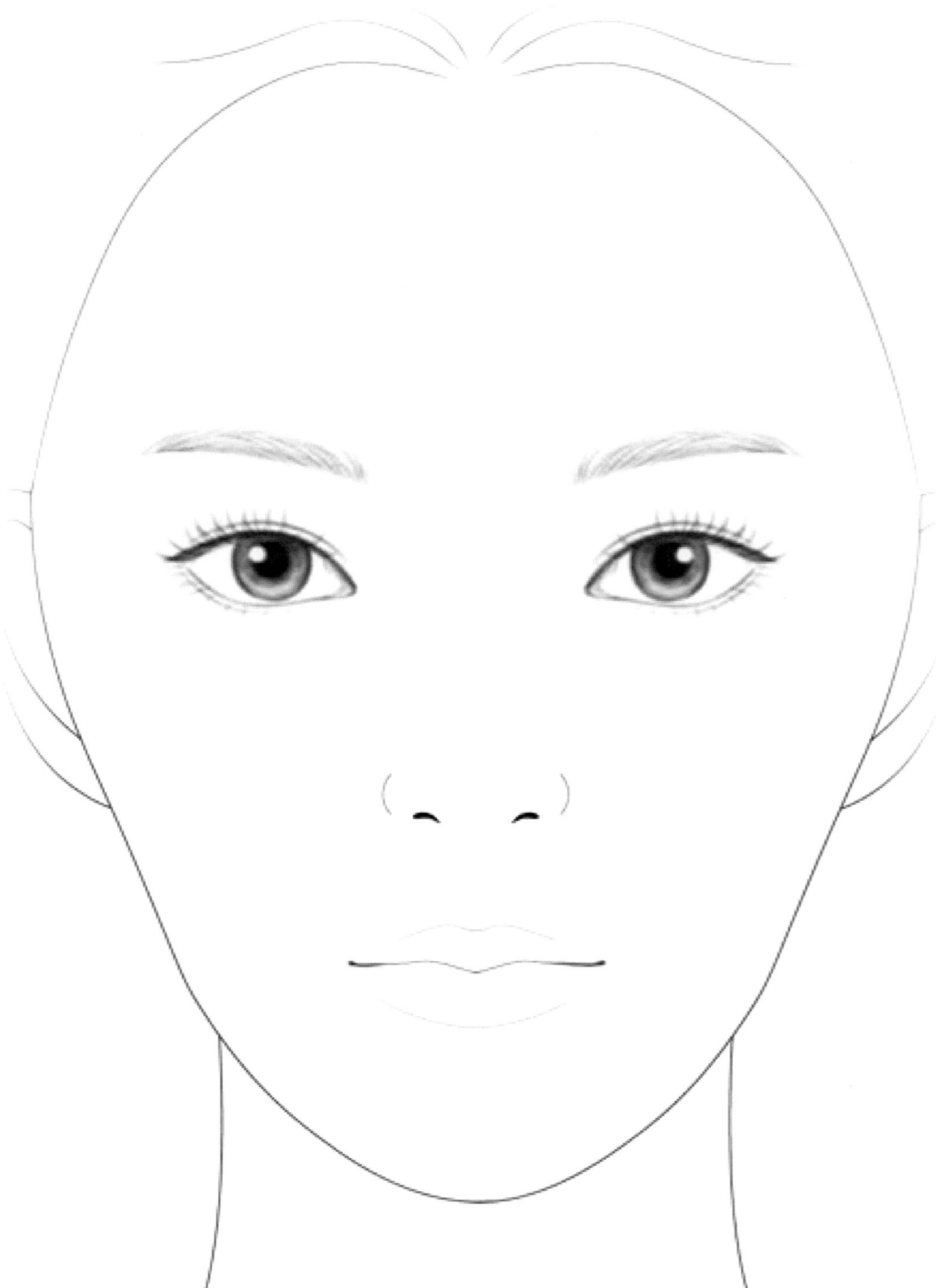

• 역삼각형

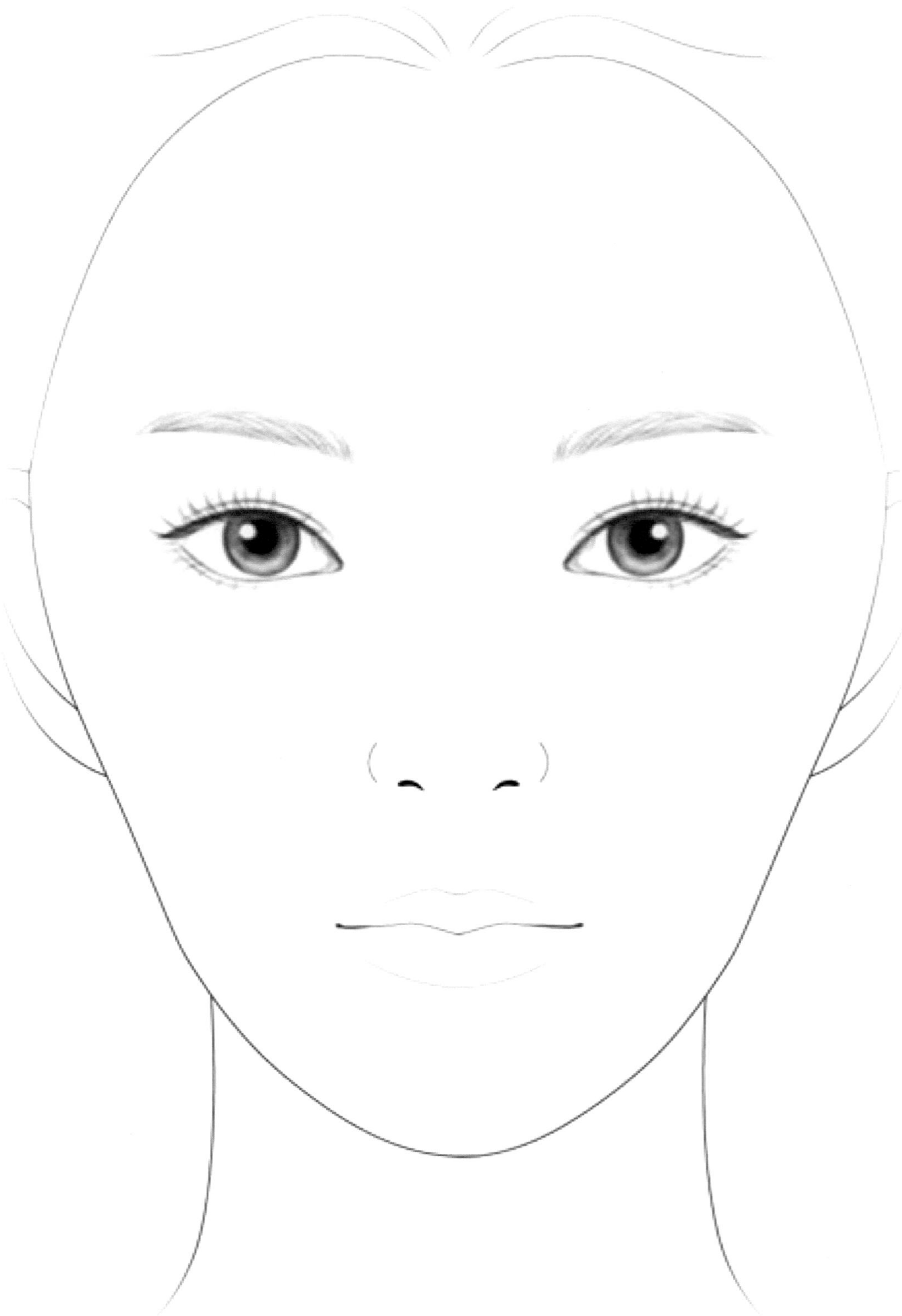

• 다이아몬드형

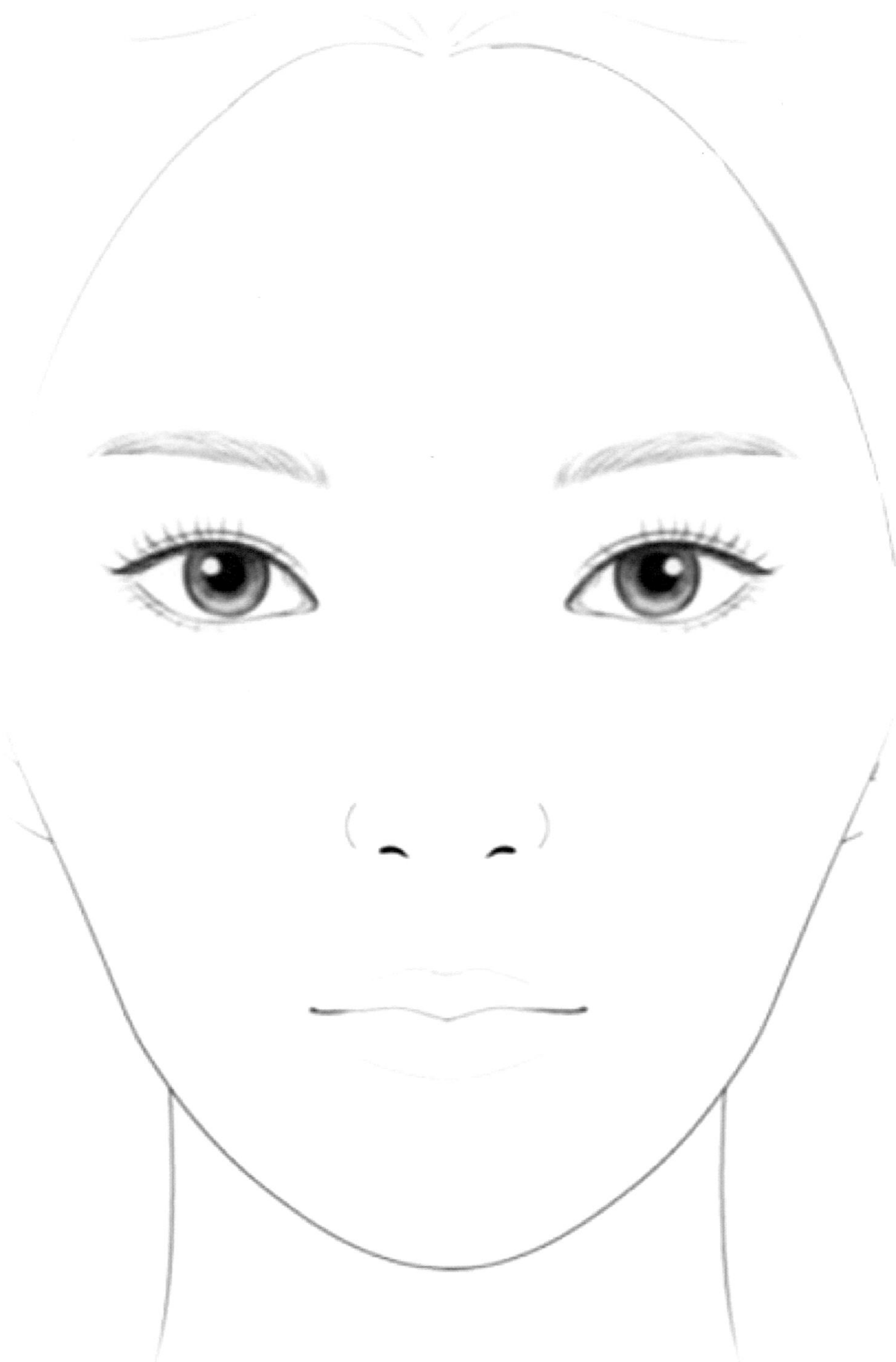

• 다이아몬드형

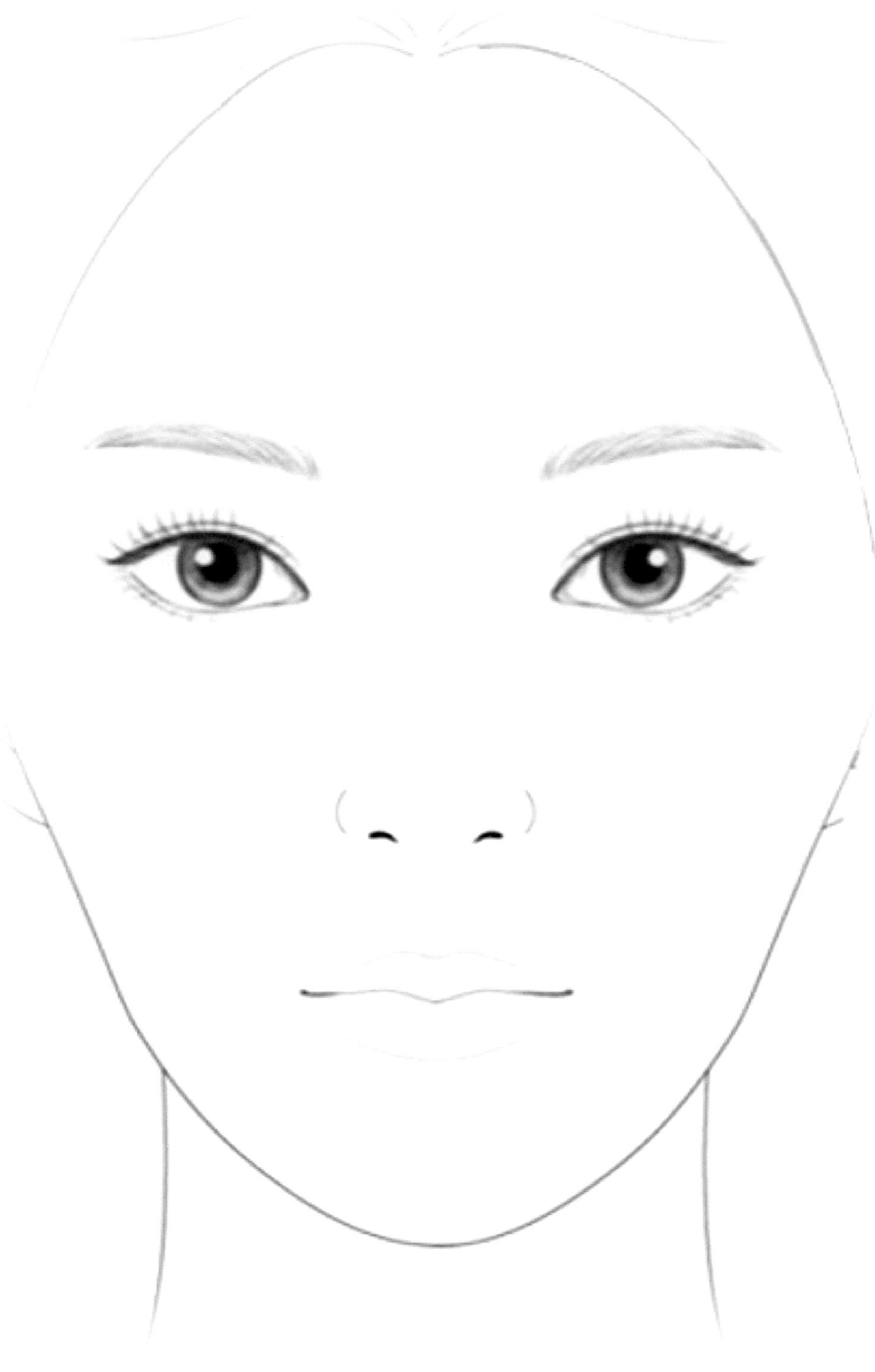

FACE CHART

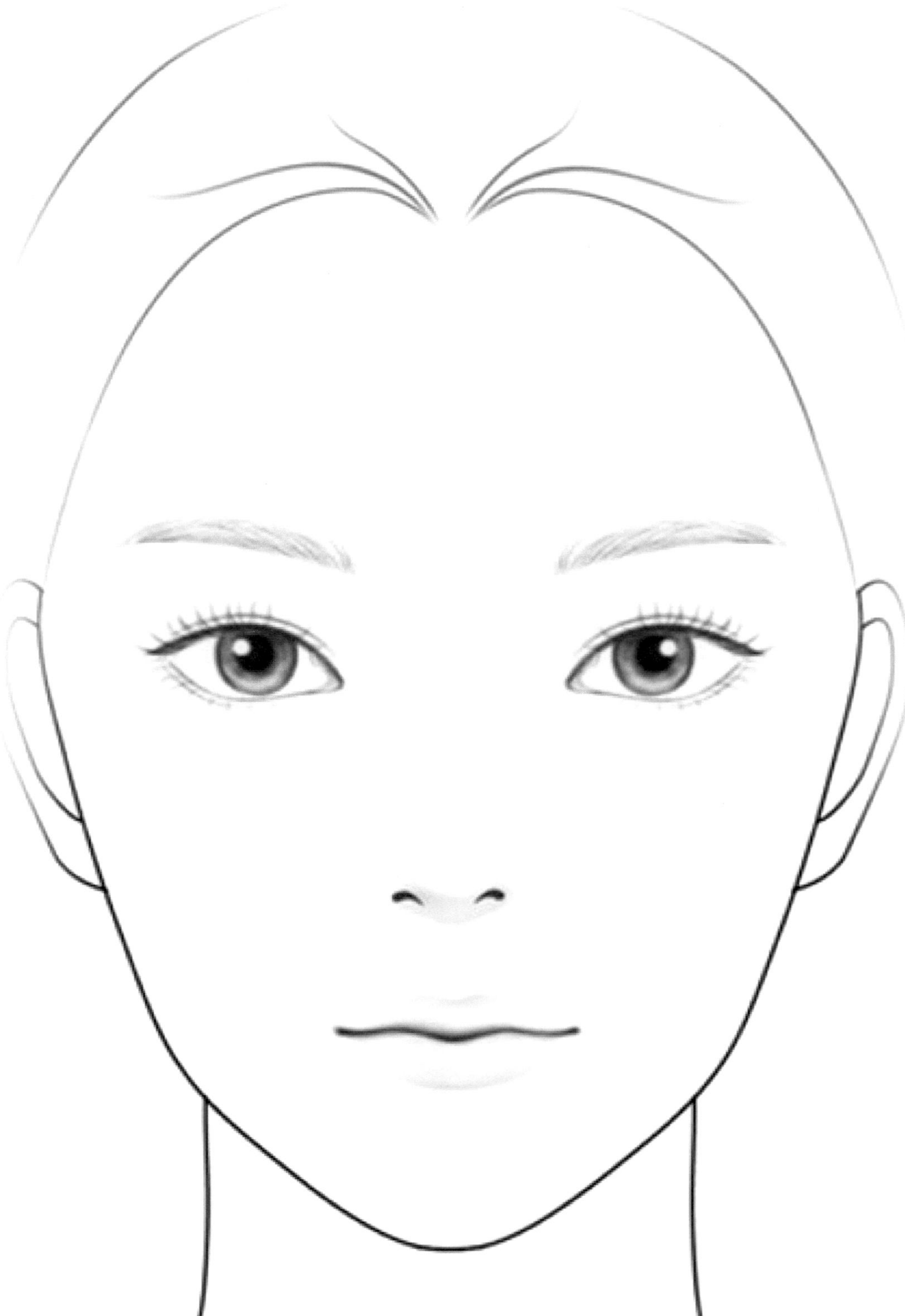

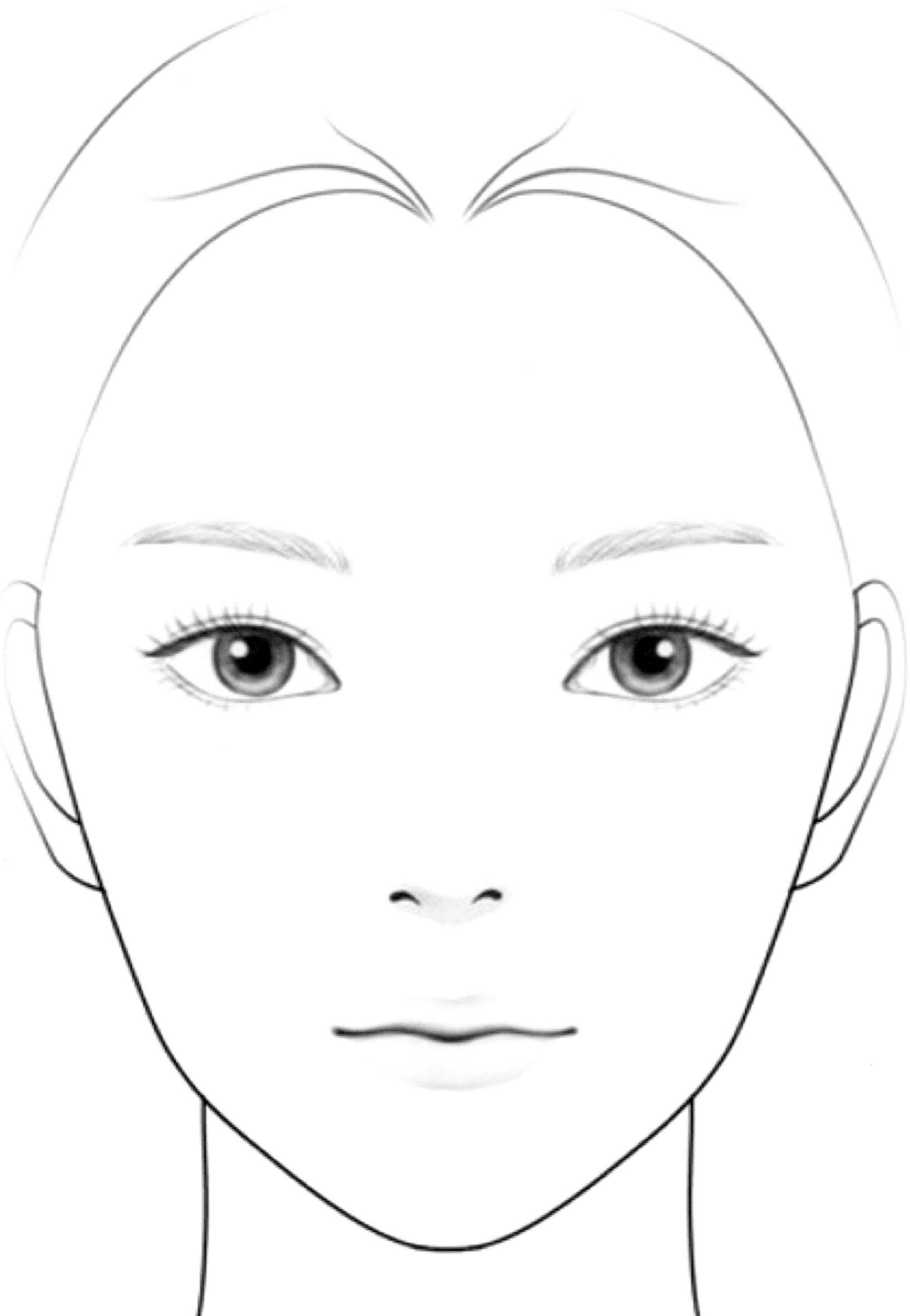

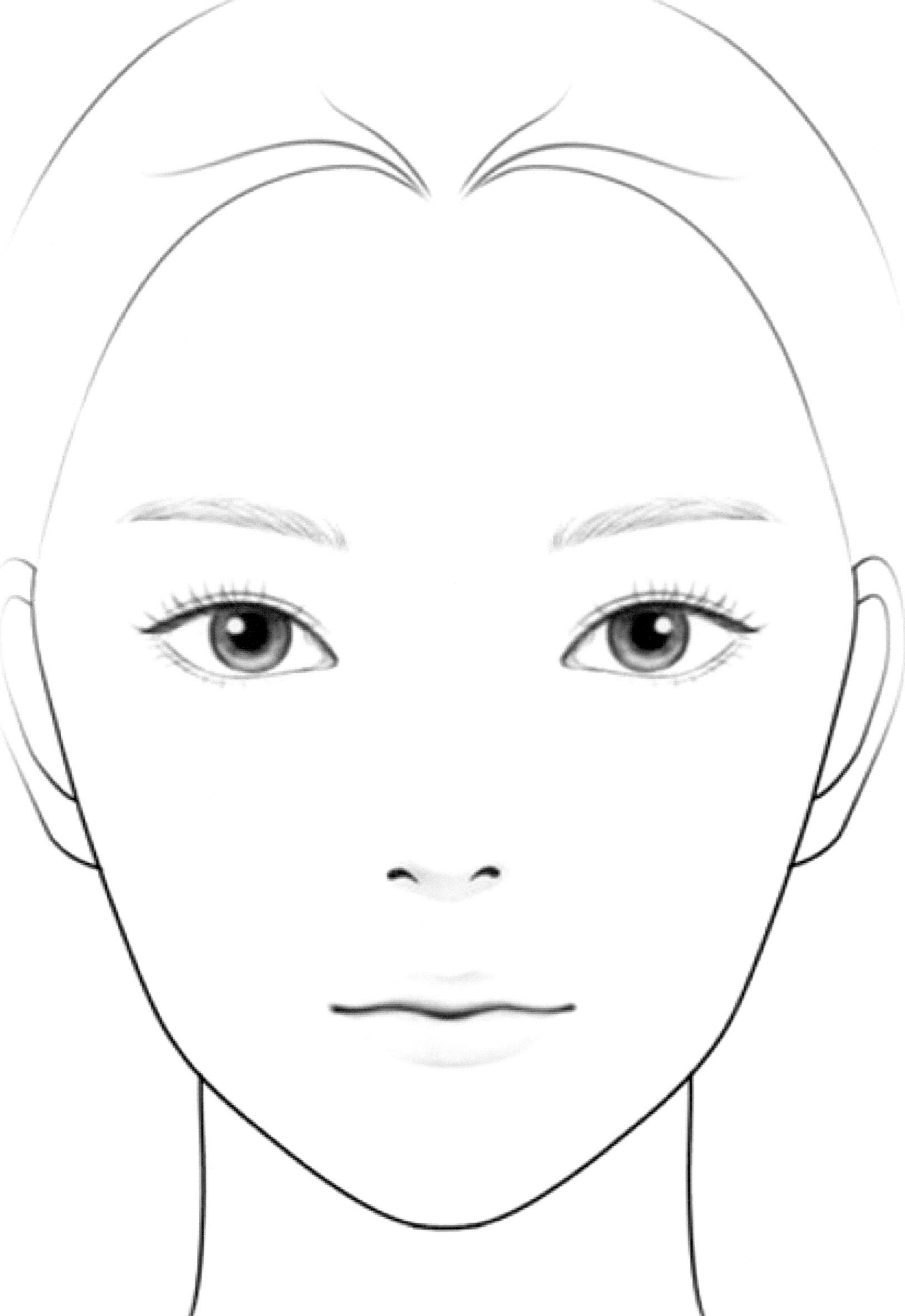

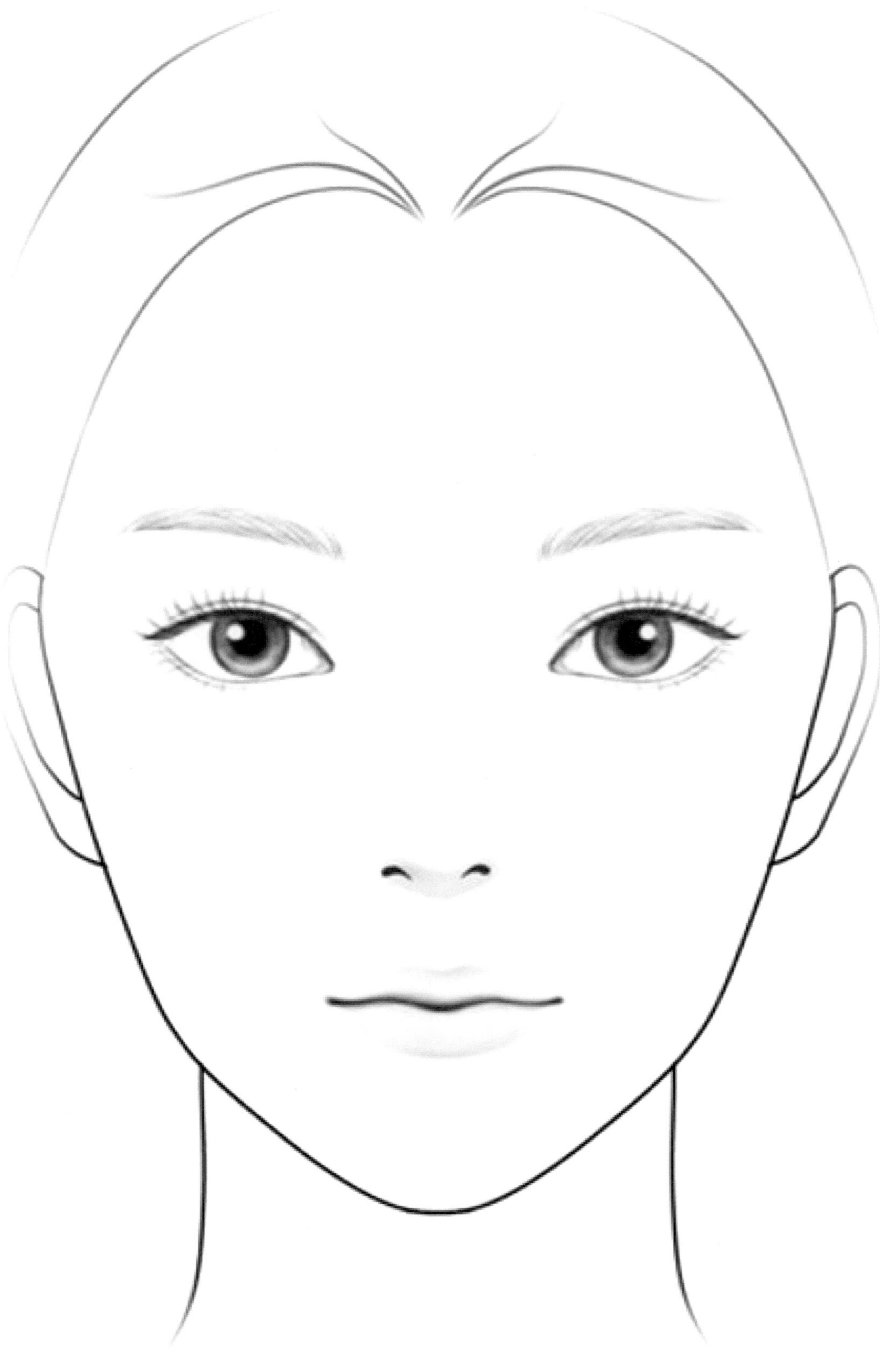

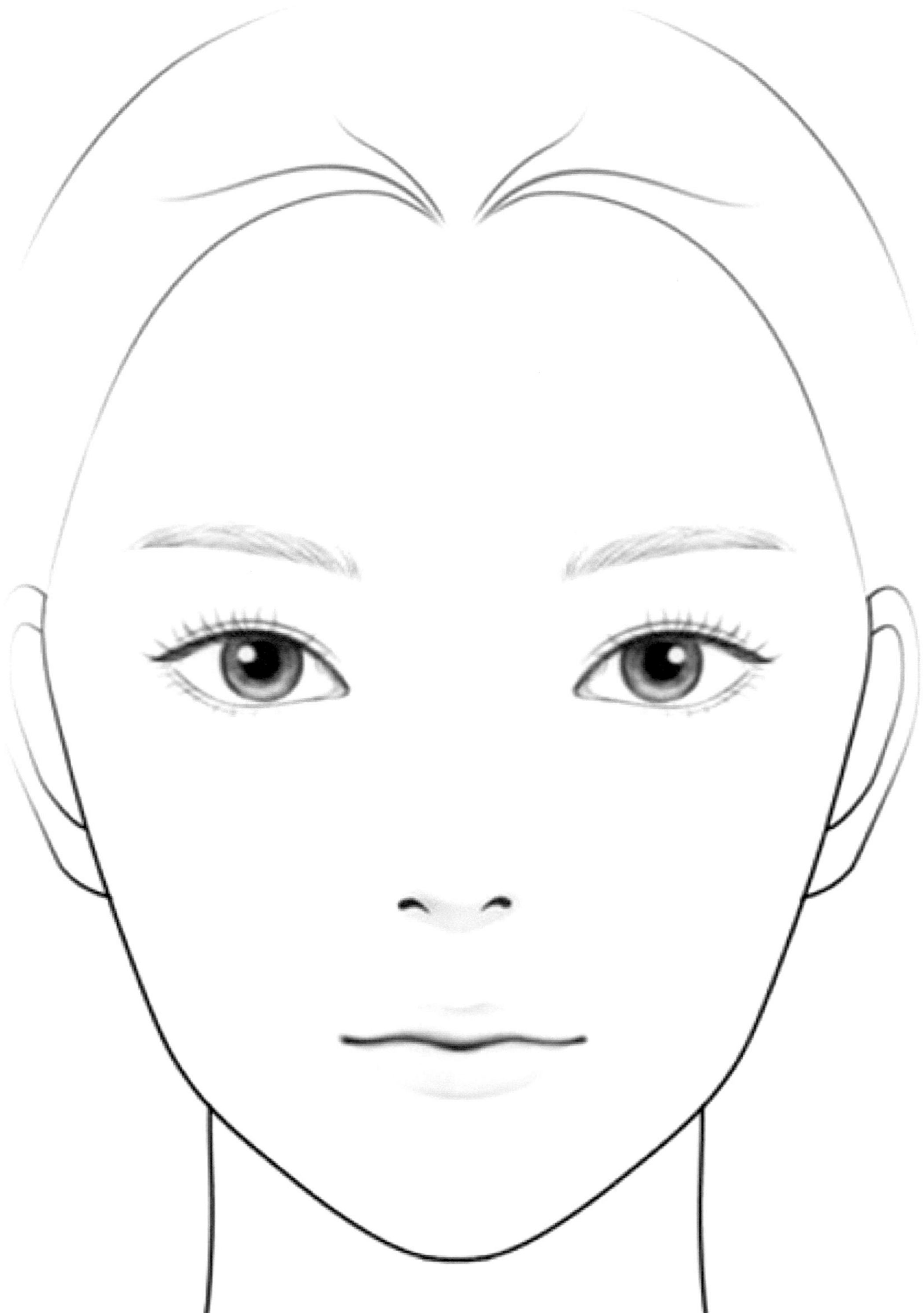

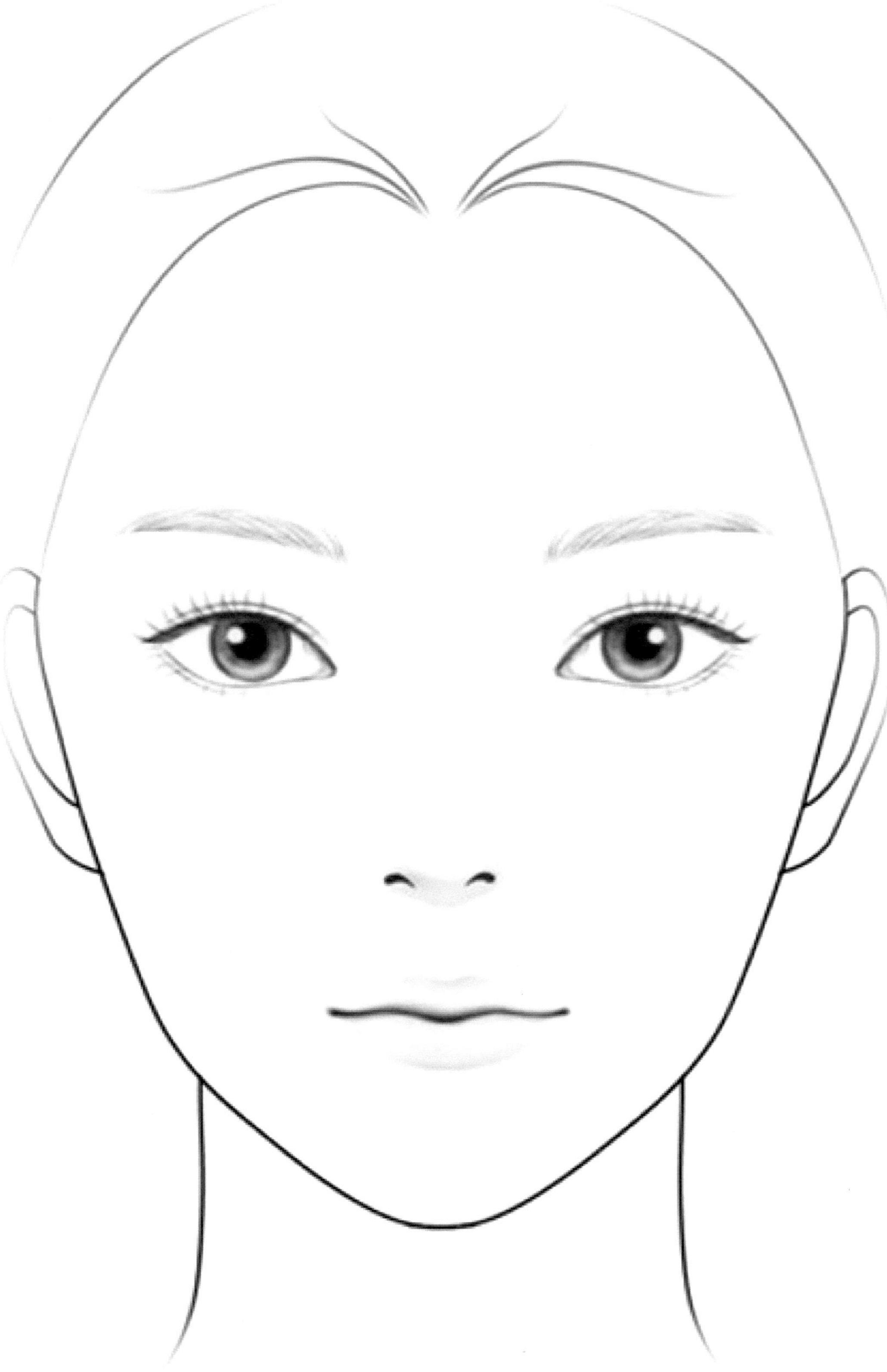

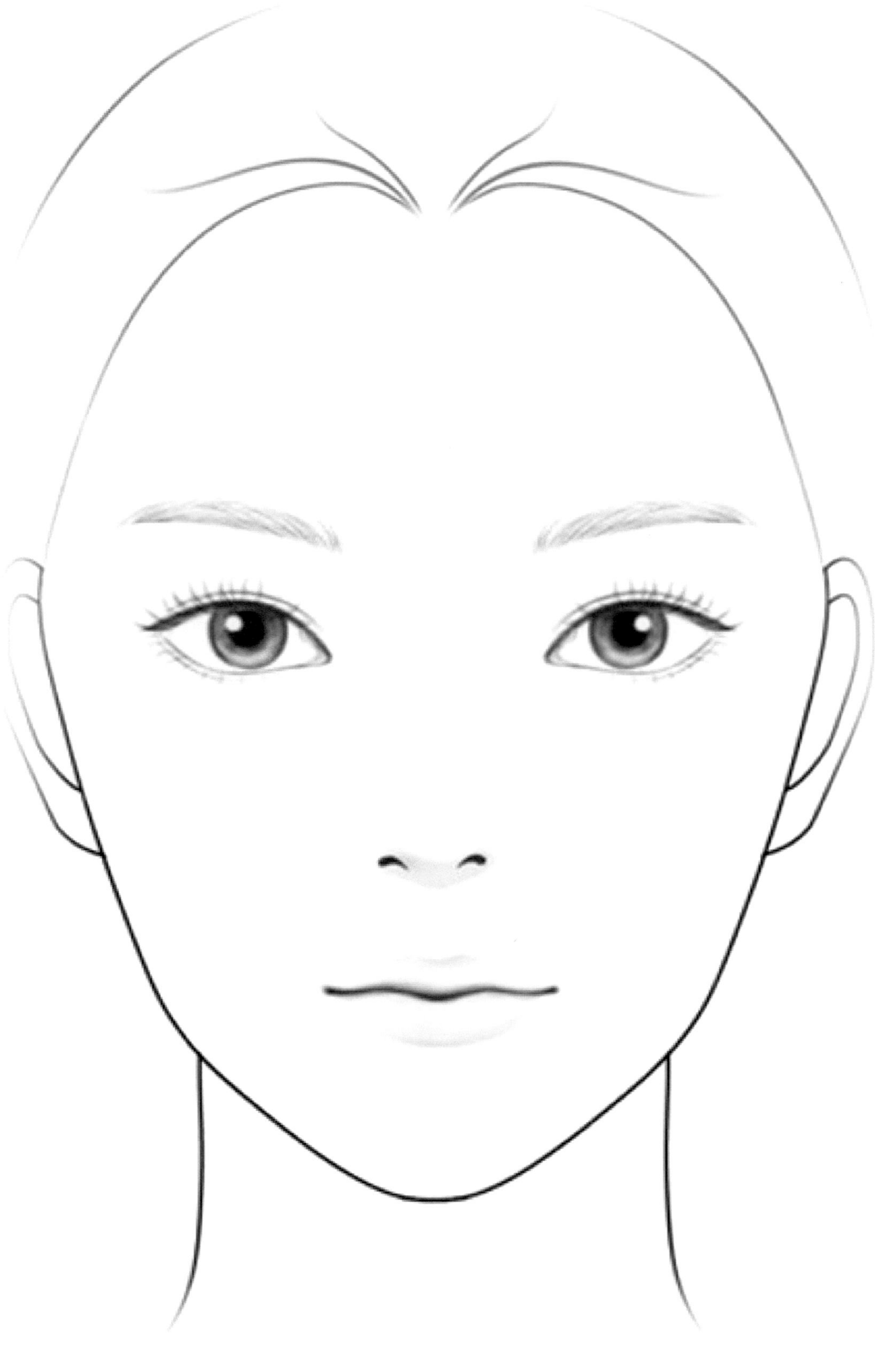

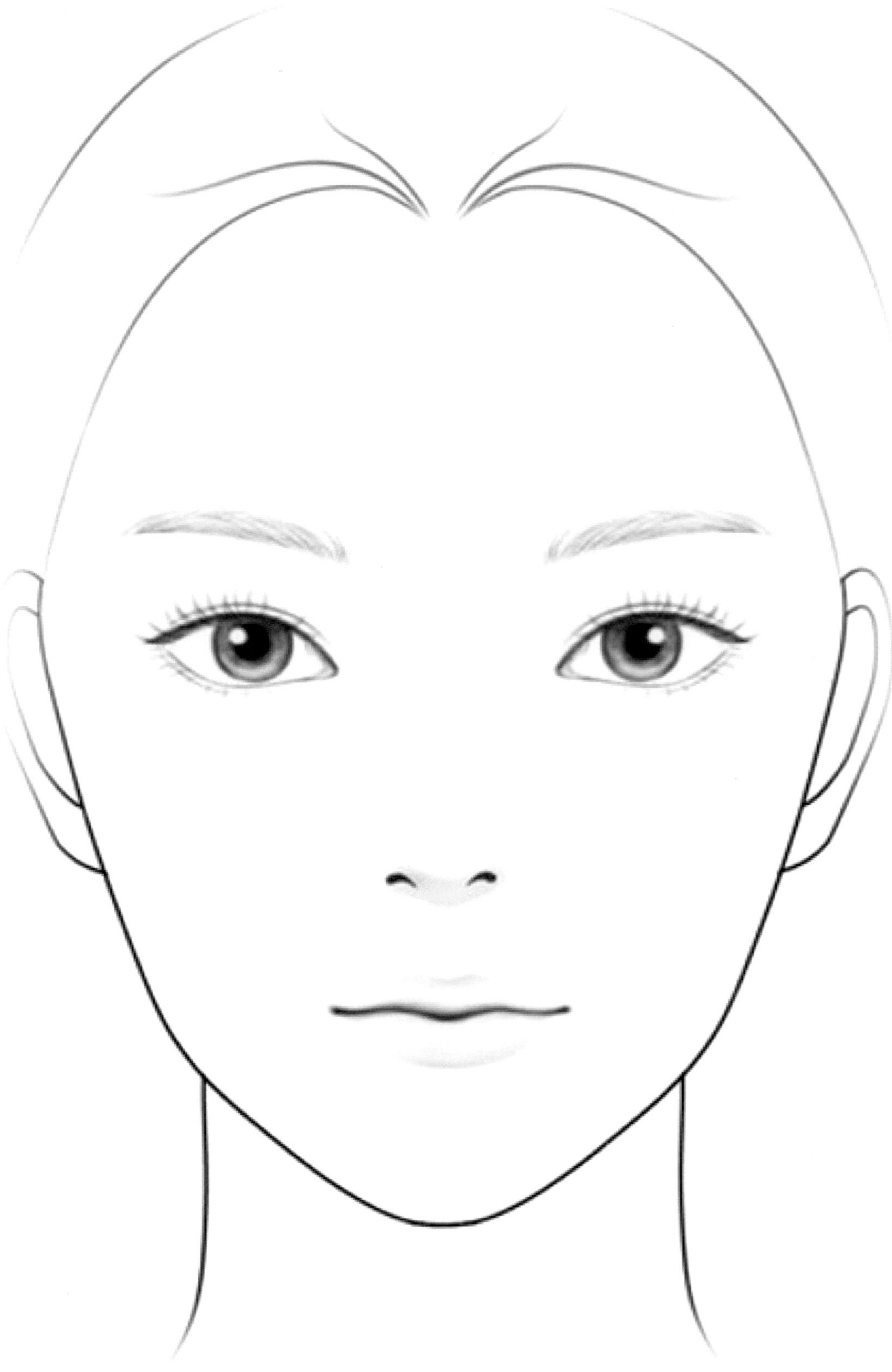

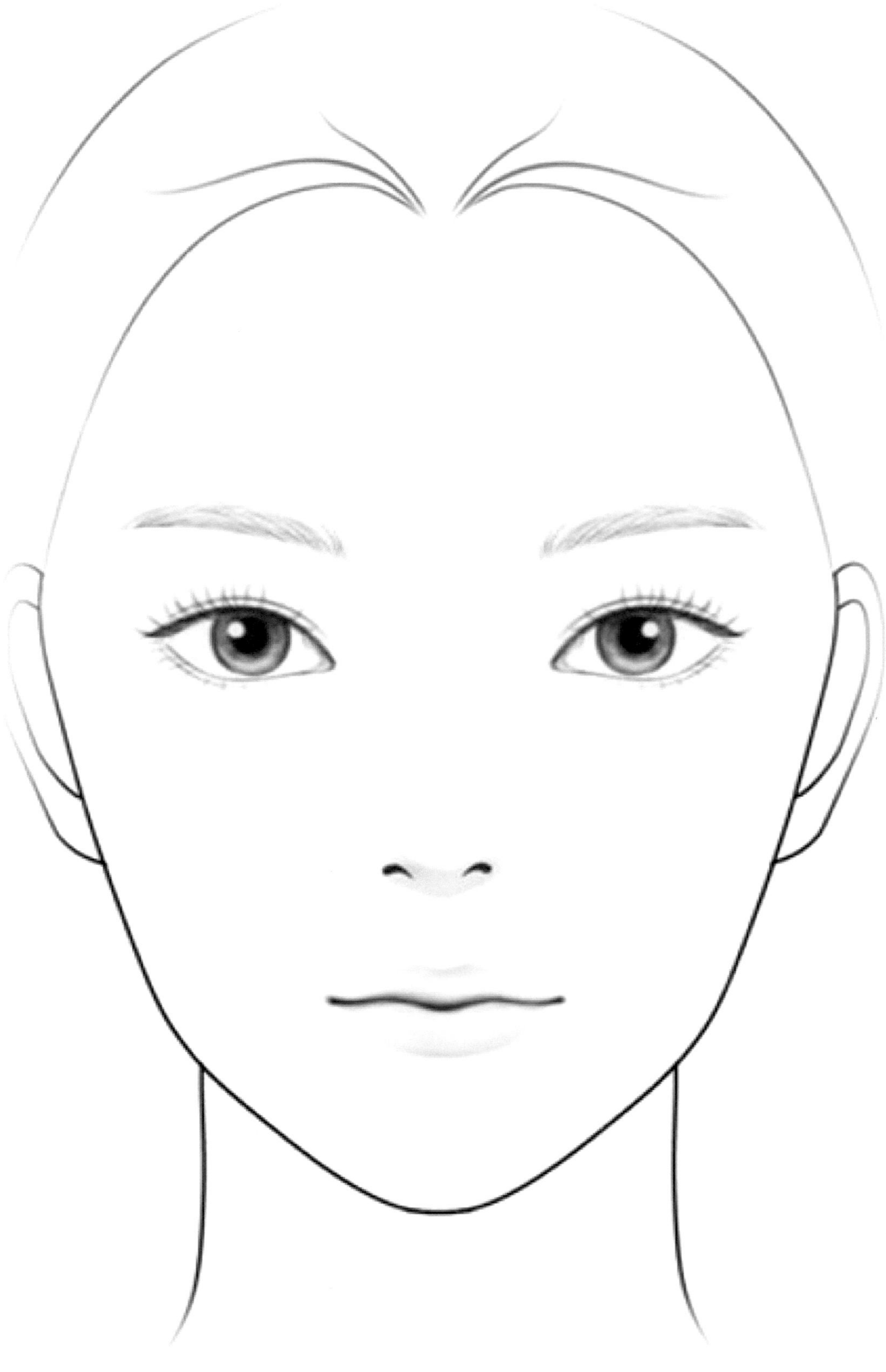

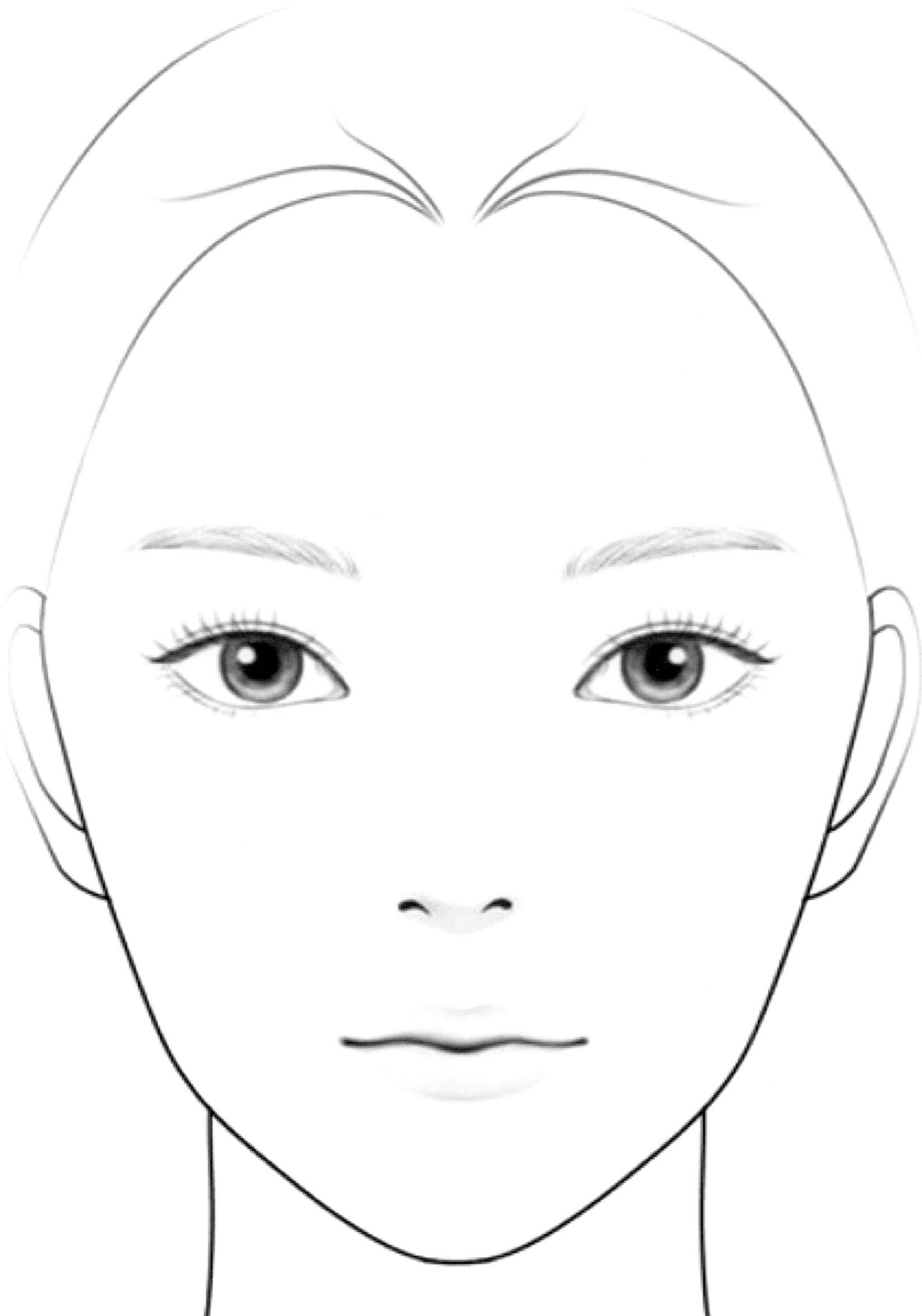

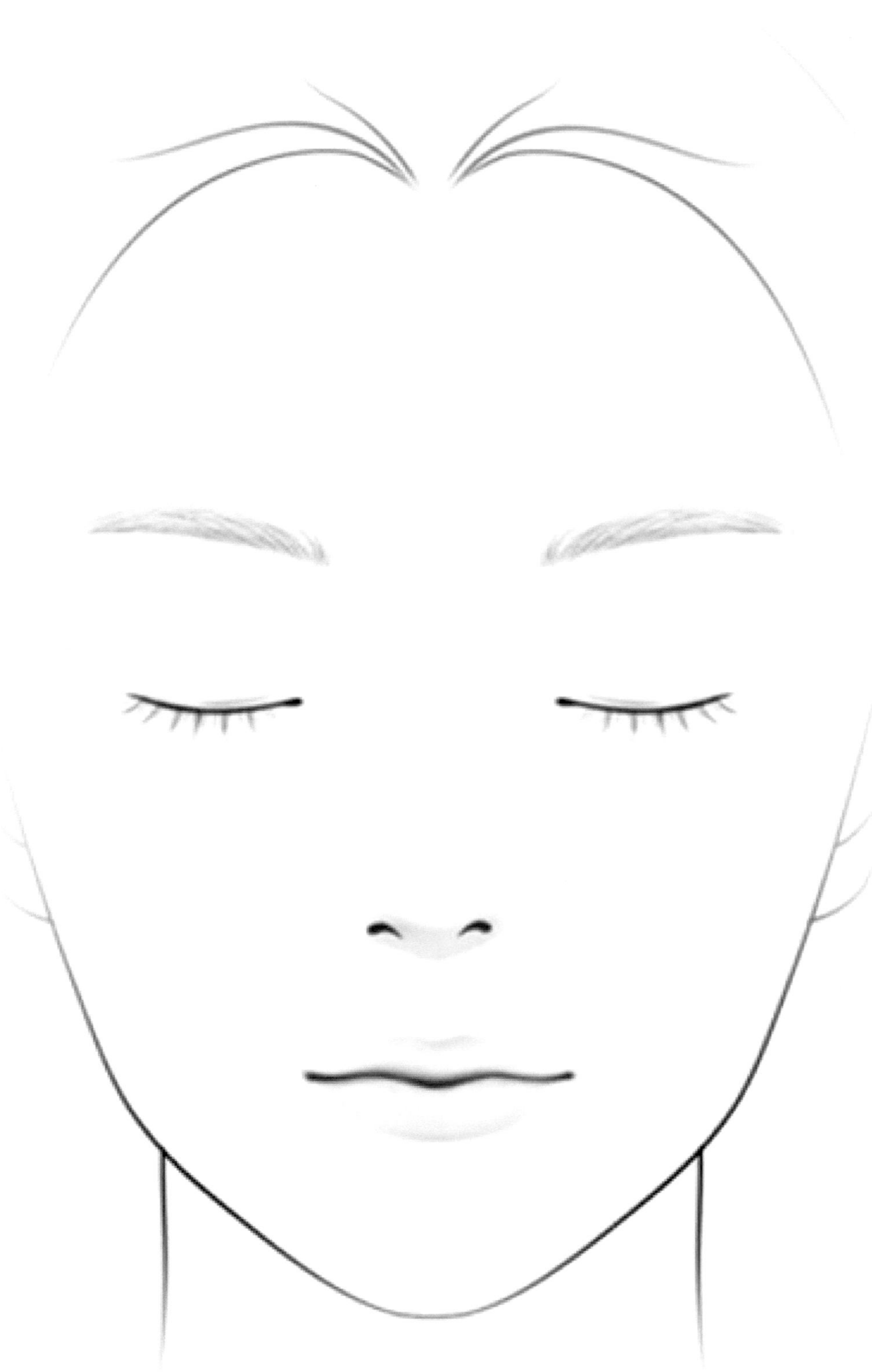

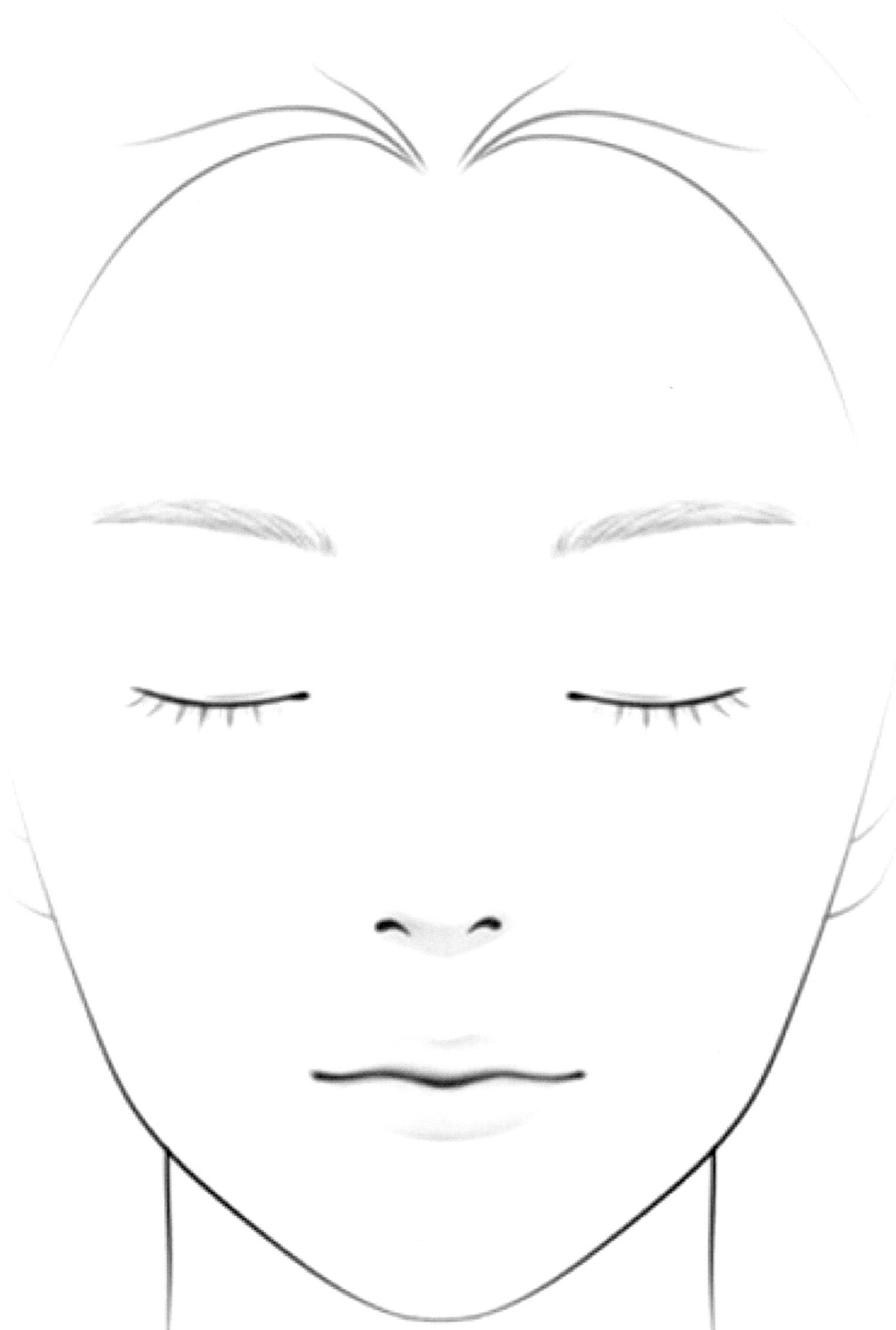

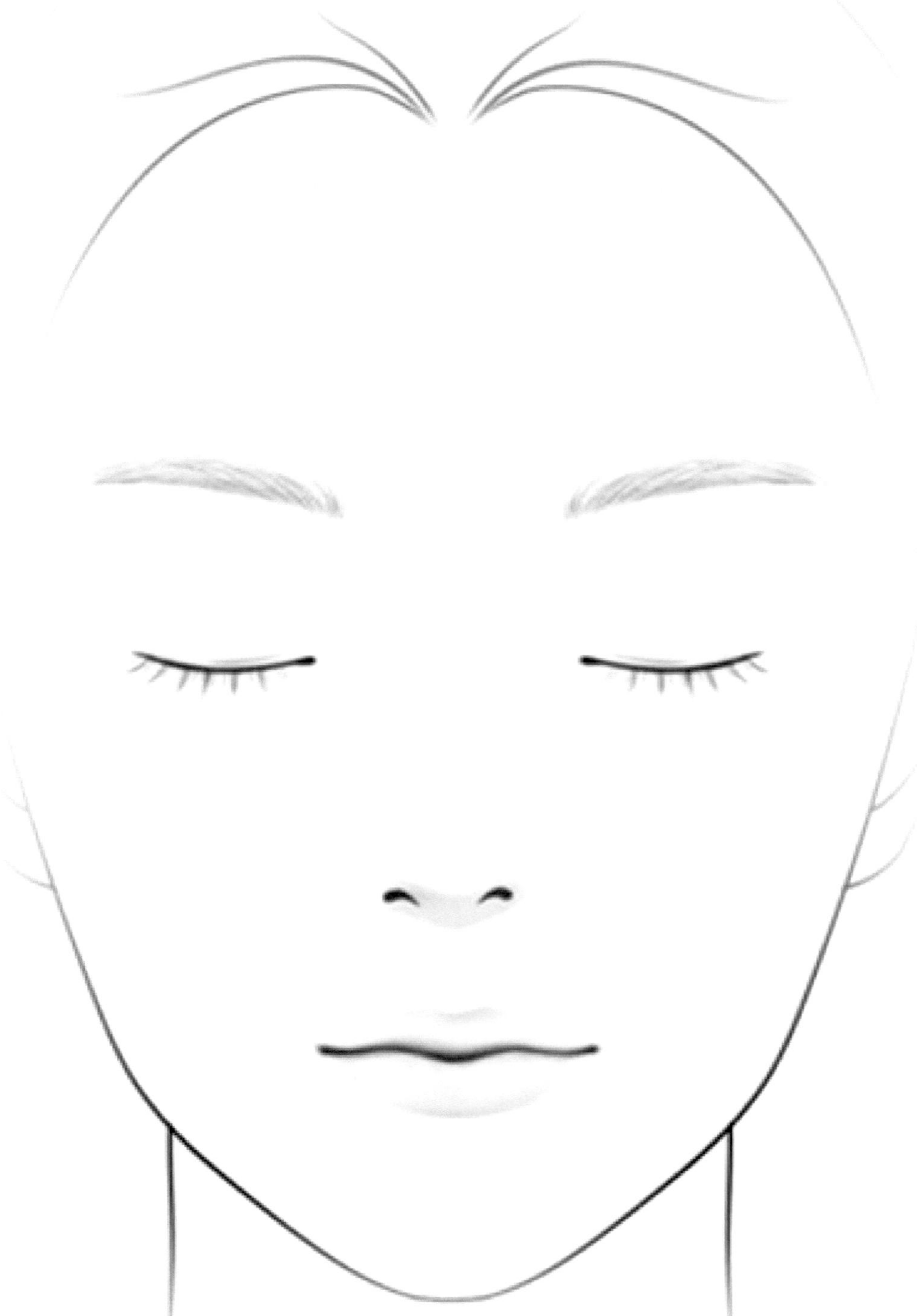

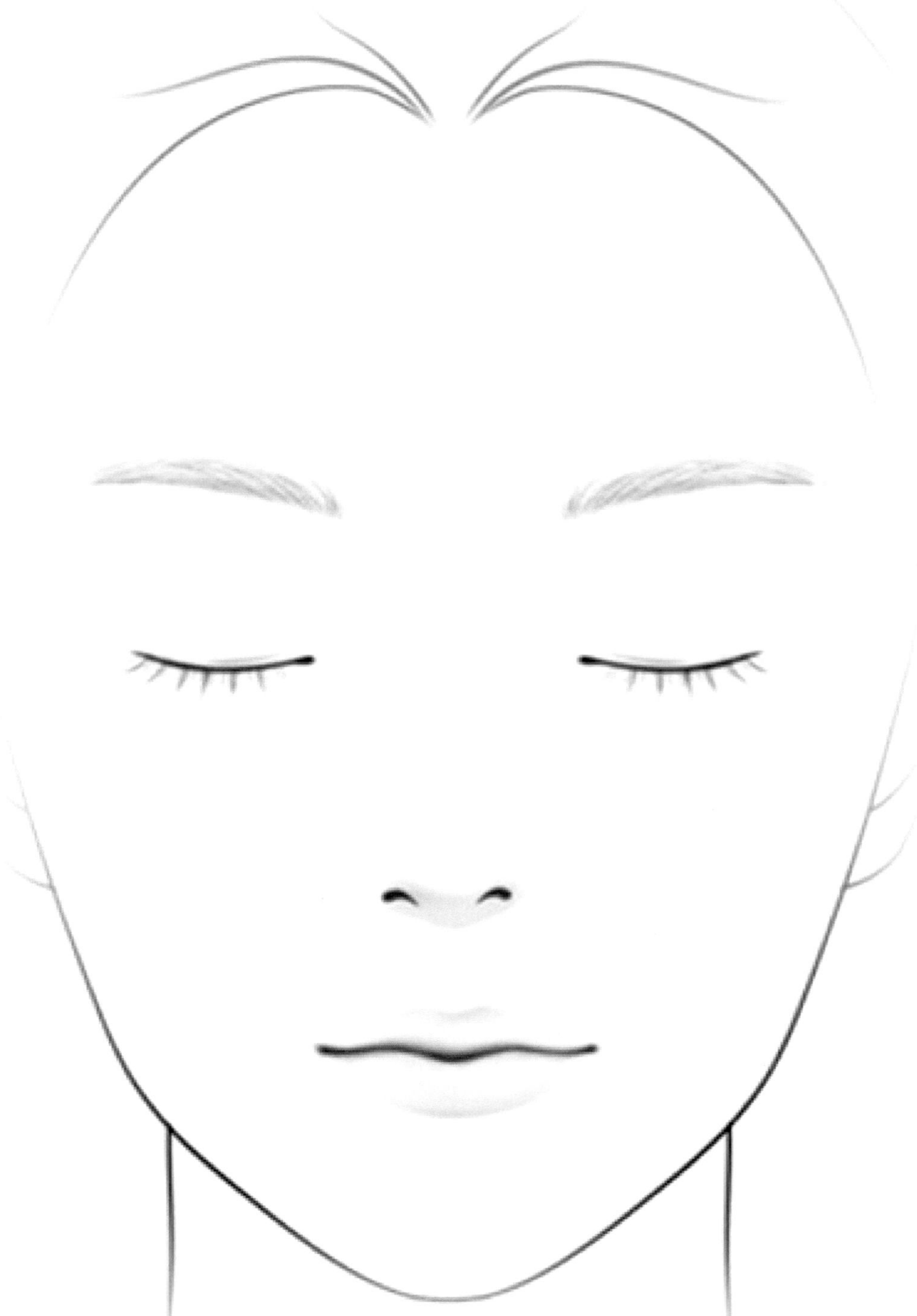

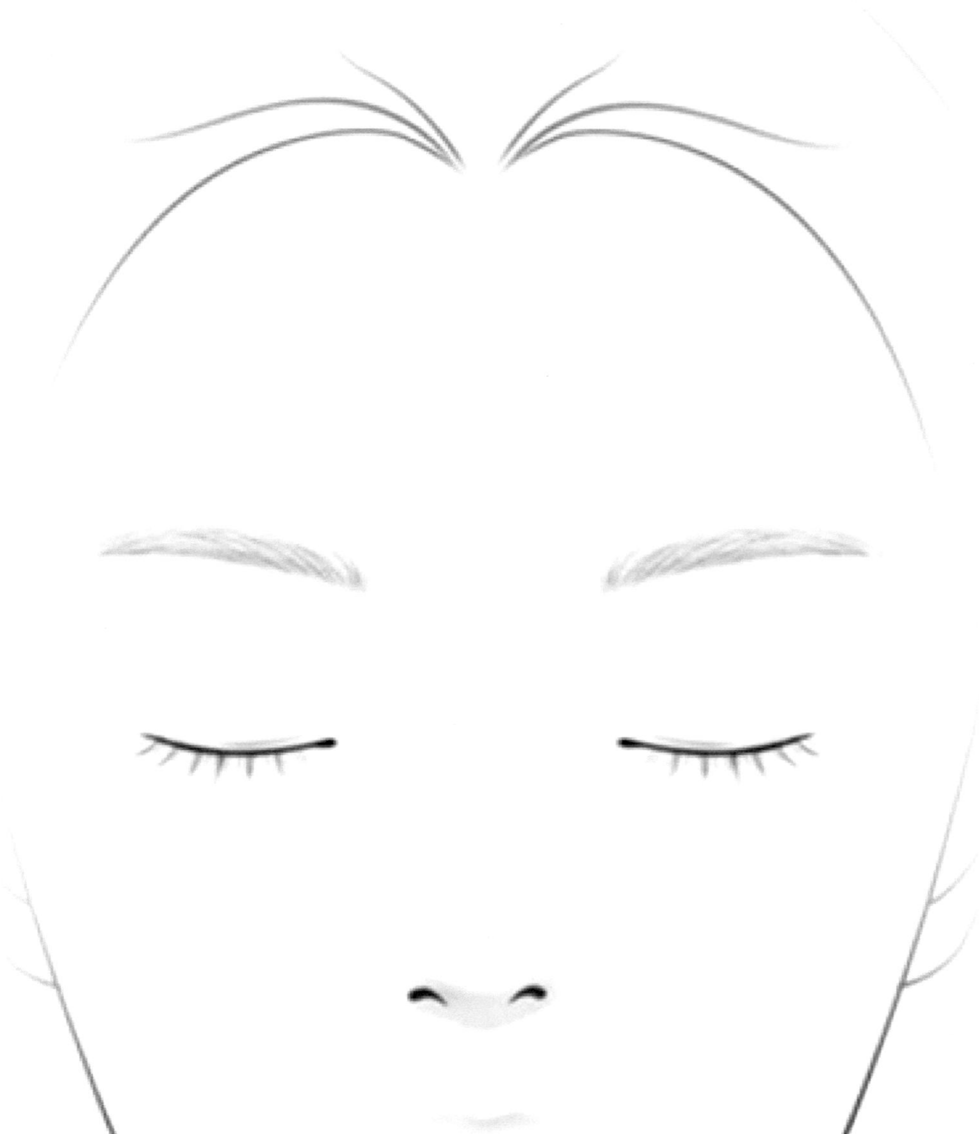

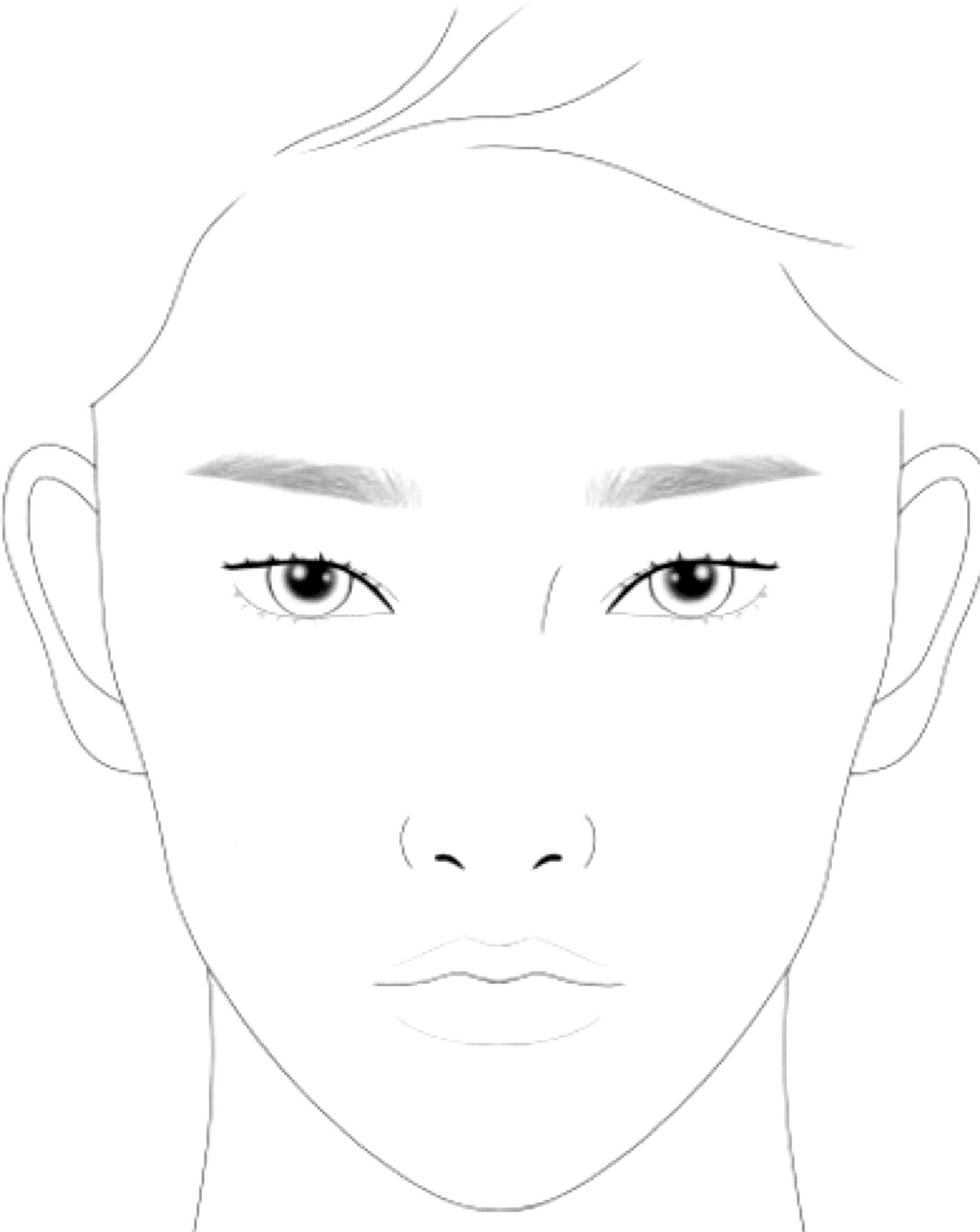

Makeup Worksheet

년 월 일

▶ 메이크업 테 마 :

▶ 메이크업 이미지 :

▶ 메이크업 포인트 :

▶ 장 소 :

▶ 모 델 : (세)

▶ 메이크업 아티스트 : (인)

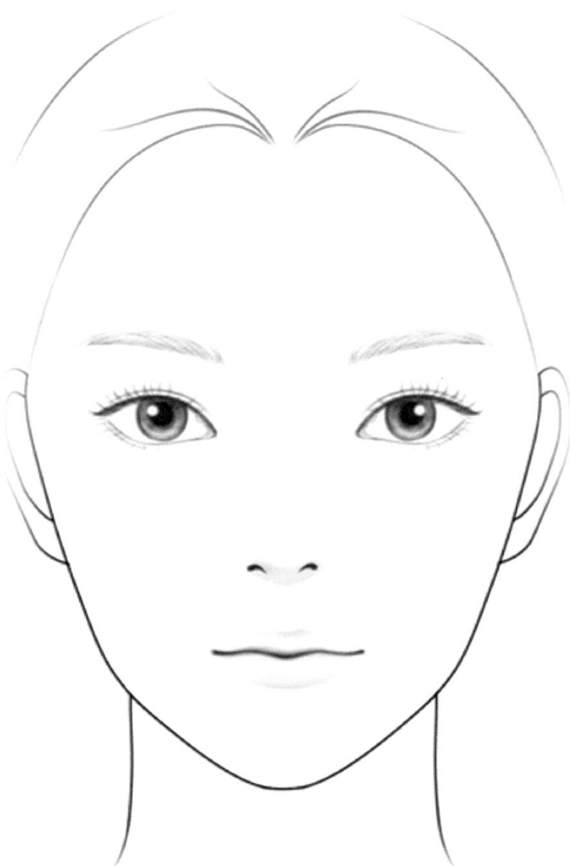

▶ 메이크업

• 베이스 메이크업

• 포인트 메이크업

• 피니쉬 메이크업

▶ 코디네이션 (헤어 / 의상 / 소품)

▶ 기타

Makeup Worksheet

년　　월　　일

▶ 메이크업 테　마 :

▶ 메이크업 이미지 :

▶ 메이크업 포인트 :

▶ 장　　소 :

▶ 모 델 :　　(　　세)

▶ 메이크업 아티스트 :　　(인)

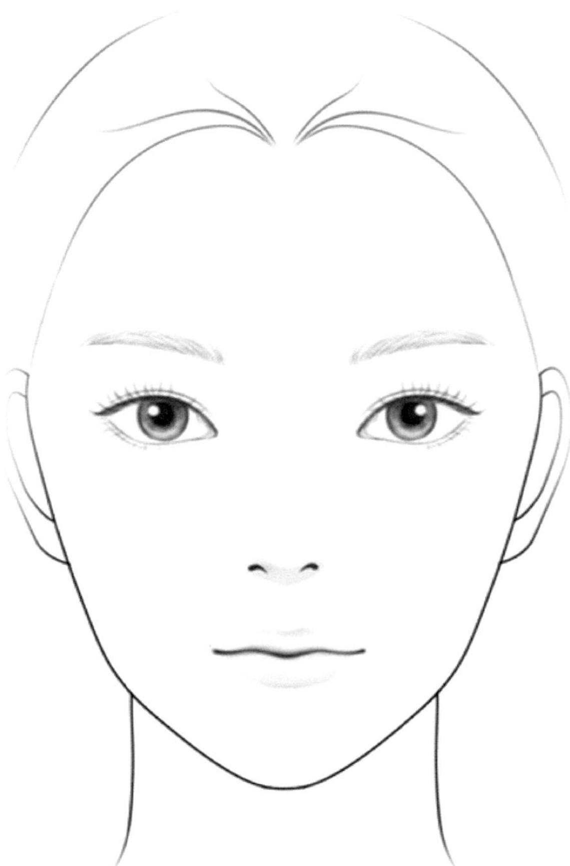

▶ 메이크업

• 베이스 메이크업

• 포인트 메이크업

• 피니쉬 메이크업

▶ 코디네이션 (헤어 / 의상 / 소품)

▶ 기타

Makeup Worksheet

년 월 일

▶ 메이크업 테 마 :

▶ 메이크업 이미지 :

▶ 메이크업 포인트 :

▶ 장 소 :

▶ 모 델 : (세)

▶ 메이크업 아티스트 : (인)

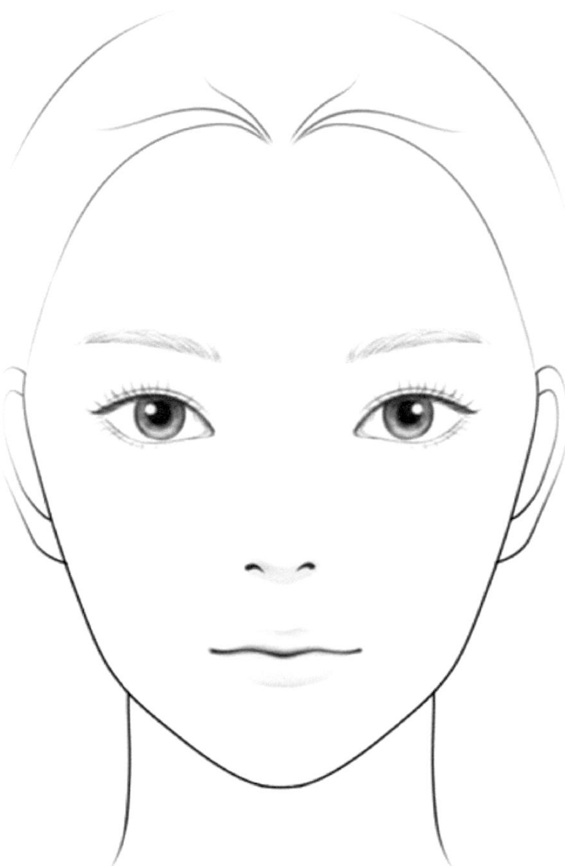

▶ 메이크업

• 베이스 메이크업

• 포인트 메이크업

• 피니쉬 메이크업

▶ 코디네이션 (헤어 / 의상 / 소품)

▶ 기타

Makeup Worksheet

년 월 일

▶ 메이크업 테 마 :

▶ 메이크업 이미지 :

▶ 메이크업 포인트 :

▶ 장 소 :

▶ 모 델 : (세)

▶ 메이크업 아티스트 : (인)

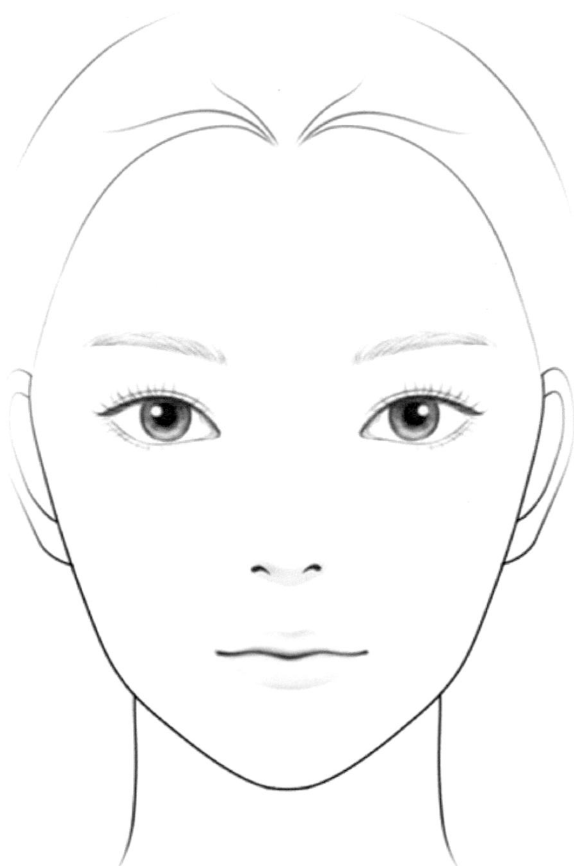

▶ 메이크업

• 베이스 메이크업

• 포인트 메이크업

• 피니쉬 메이크업

▶ 코디네이션 (헤어 / 의상 / 소품)

▶ 기타

Makeup Worksheet

년 월 일

▶ 메이크업 테 마 :

▶ 메이크업 이미지 :

▶ 메이크업 포인트 :

▶ 장 소 :

▶ 모 델 : (세)

▶ 메이크업 아티스트 : (인)

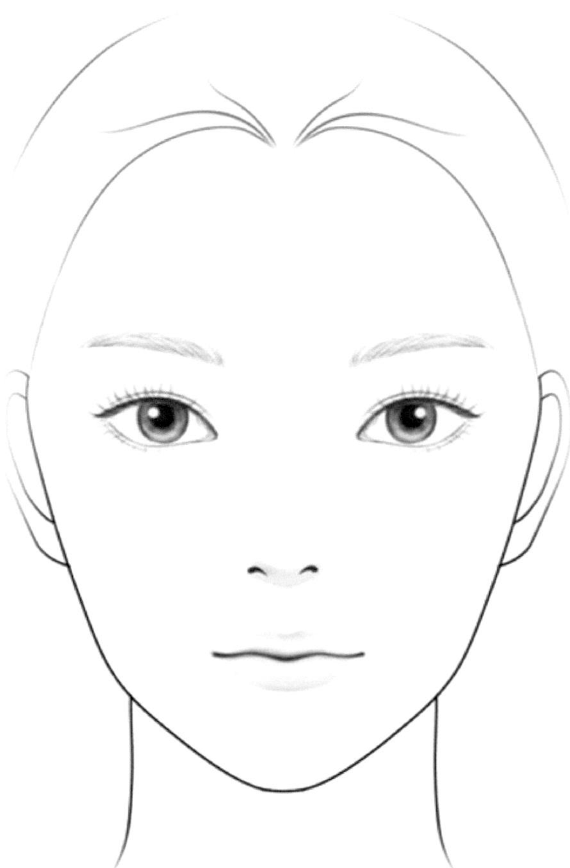

▶ 메이크업

• 베이스 메이크업

• 포인트 메이크업

• 피니쉬 메이크업

▶ 코디네이션 (헤어 / 의상 / 소품)

▶ 기타